INVENTORES COTIDIANOS

INVENTORES COTIDIANOS

Pequeños grandes inventos que usamos todos los días

DAVID HERNÁNDEZ GONZÁLEZ

Inventores cotidianos. Pequeños grandes inventos que usamos todos los días.
© 2026. David Hernández González
© 2026. Glyphos Publicaciones

GLYPHOS PUBLICACIONES
Arbotante Patrimonio e Innovación SL
Parque Científico de la Universidad de Valladolid
CTTA. Mod. 3. 47011 Valladolid
glyphoslibros.com

Primera edición: febrero 2026

ISBN-13: 979-13-990356-4-3
Depósito legal: VA 644-2025

Impreso en España / Printed in Spain

Impreso en papel reciclado. ♻

CONTENIDO

INTRODUCCIÓN

Cuando hablamos de quién fue el primero que inventó algo siempre estamos mintiendo, ya que es muy difícil asegurar con exactitud que esa persona fue la primera en imaginar tal o cual idea. Continuamente aparecen inventores olvidados que se adelantaron varios años a las patentes oficiales, o restos de maquinarias que nos hacen sospechar que ya se conocían ciertas técnicas que se supone que no estaban aún inventadas en ese momento. Es un riesgo que debemos correr, pero que no debemos olvidar, ya que lo que hoy parece inamovible, puede que mañana sea demostrado falso.

Aclarado este primer punto, debemos decir que las primeras patentes que aparecen registradas suelen ser la acreditación de que esa persona y en ese momento descubrieron o inventaron algo. Es un concepto burocrático, pero es la única forma de poder certificar que un invento se presenta como novedoso en un momento dado. Lo que sucede es que este requisito sólo nos indica eso, que un invento se patenta oficialmente con el objeto, o al menos la esperanza, de obtener un beneficio económico. Cuando nos metemos en harina y empezamos a investigar, casi siempre hay alguien al que ya se le había ocurrido la misma idea, o incluso ya lo había fabricado, pero no registrado correctamente. Tal es el caso, entre otros muchos, del teléfono, ideado por el italiano Antonio Meucci en 1854 para poder hablar con su mujer, que estaba enferma en cama, desde su despacho, y que no pudo patentar por falta de recursos económicos. Posteriormente, el escocés Alexander Graham Bell, basándose en el invento de Meucci, desarrolla y patenta en 1876 el teléfono tal y como lo conocemos hoy en día, llevándose toda la gloria del invento. Este es un ejemplo, pero los hay a cientos. No hablemos ya de la factoría de Edison en Estados Unidos, que daría para varios libros.

El caso del teléfono, sin embargo, pese a ser de uso cotidiano es un invento muy importante y valorado, y lo trataremos en este libro, pero hay otros cientos, mucho más humildes, que también utilizamos a diario y que casi nunca nos paramos a pensar que no han existido desde siempre, y que alguien debió de inventarlos en algún momento. Cosas tan cotidianas como el lápiz, el bolígrafo o el papel higiénico, sin cuya existencia nos sería muy incómodo vivir, son inventos que tienen su historia, sus creadores y su importancia, a pesar de su humilde labor y de dar su existencia por sentada desde siempre.

Hagamos un rápido chequeo de nuestro entorno y parémonos a pensar a quién se le pudo ocurrir inventar alguno de los objetos que nos rodean. Seguro que fue alguien que estaba harto de hacer su trabajo, o de que se le cayera constantemente algo. Puede que le doliera la espalda de trabajar con una herramienta inadecuada o estuviera afligido por la muerte de algún compañero y decidiera actuar para que no volviera a pasarle a nadie más. Los inventos surgen para solucionar problemas, y suelen ir de la mano de los descubrimientos científicos, pues son la aplicación práctica de estos descubrimientos. Si bien la paciencia es la madre de la Ciencia, la necesidad es, sin duda, la madre del ingenio.

A TENER EN CUENTA

Para elaborar esta pequeña lista de inventos "de andar por casa" se han utilizado diversas fuentes, siendo las principales las bibliotecas digitales de las oficinas de patentes y marcas, donde aparecen registrados los inventos por fecha, y se pueden consultar los originales digitalizados. Además, hay abundante bibliografía, donde debo destacar los libros *Cambiaron nuestra vida: Inventos cotidianos del siglo XX,* de Vicente Fernández de Bobadilla, o *Made in Spain: cuando inventábamos nosotros,* de Alejandro Polanco, también autor del enciclopédico blog *Tecnología Obsoleta,* una de las mejores fuentes de divulgación de inventos a nivel internacional. Otras fuentes consultadas muy interesantes y divertidas son los archivos de algunas marcas, donde cuentan la historia de sus empresas y las peripecias de los fundadores para sacar adelante sus inventos. Una vez localizados inventor y patente, siempre se ha procurado ir un poco más allá, indagando un poco en la vida de cada personaje, descubriendo que hay grandes historias humanas detrás de pequeños inventos que muchas veces quedan silenciadas o desplazadas por la fama de la propia creación. También se ha intentado (a veces con más suerte que otras), investigar si ya había algo parecido antes de que apareciera la patente, ya que muchas veces, los inventores humildes no pueden patentar sus ideas, casi siempre por problemas económicos, o incluso ni siquiera se les había ocurrido pensar que la solución que adoptaron para un determinado problema pudiera ser rentabilizada con una patente.

Este pequeño trabajo recopilatorio pretende poner en su lugar a mucha gente desconocida que tuvo una gran idea. Y desde estas páginas, animo a que el lector, si le gusta alguna historia en concreto, profundice en el invento o el personaje, ya que hoy en día es muy fácil gracias a Internet, y busque más datos, más detalles, más conexiones y, seguramente, llegue a descubrir por sí mismo que antes de un invento siempre hay una persona a la que se le ocurrió antes pero que no ha logrado la fama.

LAVADORA

Una de las tareas más ingratas del día a día es hacer la colada. Desde tiempo inmemorial se ha cargado a la mujer con esta necesaria pero tediosa y agotadora tarea, yendo al río o al lavadero incluso en el gélido invierno, pasando calores sofocantes en verano, frotando y golpeando la ropa para sacar las manchas más difíciles… El lavado manual es una labor realmente frustrante, ya que una vez limpia y seca la ropa, poco tarda de nuevo en estar sucia y hay que repetir el proceso sin fin. Pero ¿no hay alguna forma de aligerar un poco esta labor? ¿No podría inventarse algún artilugio que hiciera más llevadera esta agotadora tarea?

Jacob Christian Schäffer, el padre del concepto de lavadora que en 1767 presentó y patentó pero que no llegó a popularizarse, principalmente, por cuestiones sociales, ya que a pocos hombres importaba aligerar el trabajo de las mujeres, como pensaban que les correspondía por su condición.

Esta misma pregunta se debieron hacer durante siglos todas las lavanderas del mundo, pero no sería hasta 1767, año en que el alemán Jacob Christian Schäffer publica la primera patente de lavadora en un texto titulado *Die bequeme und höchstvortheilhafte Waschmaschine (La lavadora conveniente y extremadamente beneficiosa)*. Sin embargo, este artilugio no tuvo demasiada repercusión, ya que lavar era una labor propia del género femenino, y nadie creía necesario en esa época que hubiera necesidad de tener una. Esta idea no sólo era compartida por los hombres, sino incluso por las mujeres, que veían amenazado su trabajo y necesidad en aquellos tiempos. Por suerte las cosas han cambiado y ahora la sociedad no piensa, por lo general, así.

Alva John Fisher, el inventor norteamericano que patentó en 1910 el primer modelo realmente funcional de lavadora mecánica y, poco después, de lavadora eléctrica.

En la página siguiente, patente de agosto de 1910 donde se aprecia el sistema de tambor giratorio que ya está accionado por un motor eléctrico.

A. J. FISHER.
DRIVE MECHANISM FOR WASHING MACHINES.
APPLICATION FILED MAY 27, 1909.

966,677.

Patented Aug. 9, 1910.

4 SHEETS—SHEET 1.

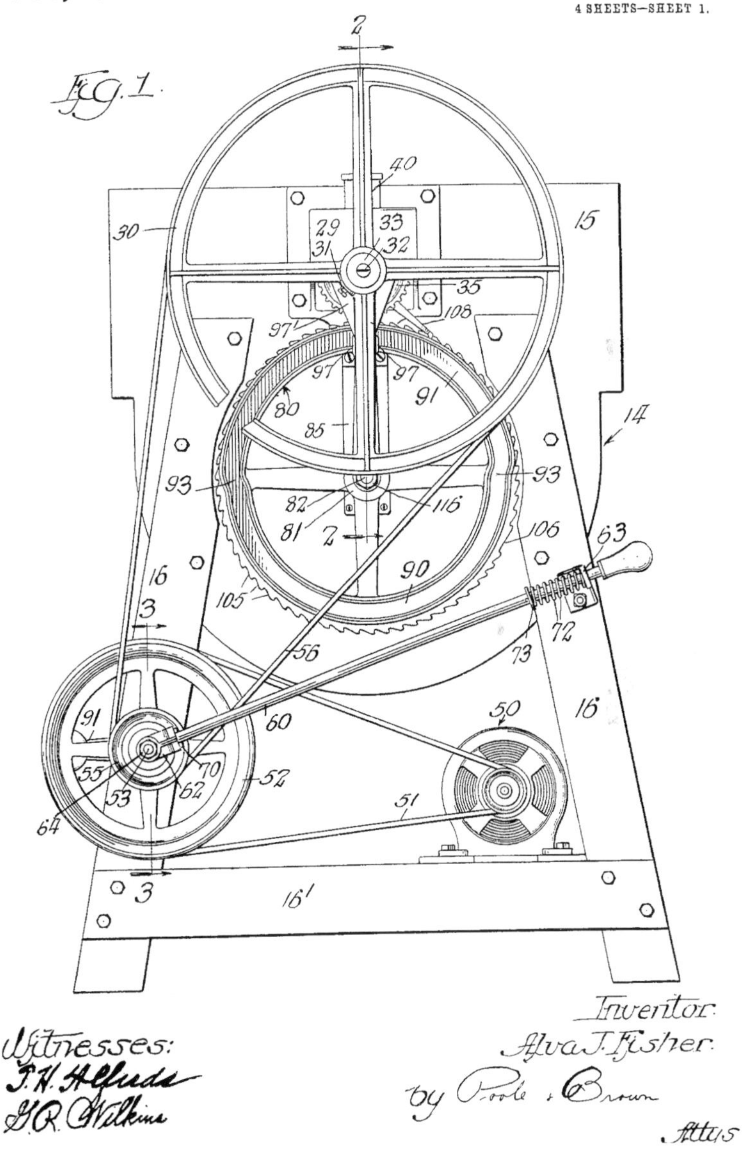

FIG. 1.

Witnesses:
F. H. Helfrida
J. R. Wilkins

Inventor:
Alva J. Fisher.
by Poole & Brown
Attys

15

Tendríamos que esperar hasta el año 1901 para que el ingeniero norteamericano Alva John Fisher, presentara su modelo de lavadora, que patenta oficialmente en 1910. Al poco tiempo, mejora su invento añadiendo un motor eléctrico, lo que la convierte en la primera lavadora eléctrica automática, aunque no tiene demasiada repercusión ni éxito debido a que a principios del siglo XX no era habitual contar con electricidad en los hogares. Este nuevo modelo incorpora como novedad un tambor giratorio que, gracias a un sistema de engranajes, cambia el sentido de giro del tambor para lograr un lavado más eficaz. Aunque el invento ya estaba patentado y era conocido, no fue hasta los años 40 en Estados Unidos y hasta los 60 en Europa, cuando realmente se populariza el uso de la lavadora de forma generalizada.

Como curiosidad, tenemos a la inventora valenciana Elia Garci-Lara Catalá, que en 1890 patenta una lavadora con sistema de carga de jabón y lavado por fases (lavado, aclarado, escurrido, e incluso secado con aire caliente procedente de una estufa y planchado). Su invención se puede consultar bajo la patente ES10711, pero, desgraciadamente, un sistema tan adelantado a su tiempo no tuvo éxito y acabó en el olvido.

WC INODORO

El inodoro es uno de esos inventos sin los cuales no sabríamos vivir. Lo utilizamos sin excepción varias veces al día, y es fundamental para que se hayan podido desarrollar edificios de grandes dimensiones sin que haya epidemias ni malos olores a diario. Si nos paramos a pensar en el acto de usar el wáter, todo es, prácticamente, igual que en la Edad Media, o cuando se usaban orinales, salvo por un pequeño detalle. Al terminar "tiramos de la cadena". Ese pequeño detalle hace que haya un abismo sanitario entre cualquier otra época histórica y la nuestra, o entre un país desarrollado y uno subdesarrollado. Pero, ¿cómo se hacían aguas antes de que se inventase esta maravilla de porcelana blanca, este trono doméstico en el que todos somos reyes y abandonamos satisfechos tras un buen uso? Hagamos un breve repaso y descubramos quién fue el ingenioso inventor del inodoro.

Los primeros sistemas de recepción y evacuación de aguas sucias parecen estar en la isla de Creta, concretamente en el palacio de Cnosos, donde hay ciertas estructuras asociadas a unos canales de agua que podrían ser los primeros retretes documentados. También en el templo de Bel en Nippur y en otros yacimientos de Mesopotamia, hace 4.000 años. Hay estructuras que podrían ser también usadas como retretes en yacimientos neolíticos, como Skara Brae, del siglo XIII a.C. pero son más difíciles de probar y son muy escasos. El sistema tradicional que la gran mayoría usaba para aliviarse era como el actual de pasear a los perros, es decir, la gente se aliviaba donde podía, ya fuera detrás de un matojo o en la puerta del vecino, si no se llevaban bien.

Más tarde, el sistema de letrinas romano se impuso en el Imperio, consistiendo en una habitación sin tabiques ni ningún tipo de intimidad donde, a modo de banco corrido, se situaba una repisa o poyo a lo largo de las paredes con agujeros sobre los que sentarse, unos junto a otros para poder charlar durante la operación. Bajo el banco, en su interior, discurría una corriente de agua que arrastraba los residuos para mitigar el olor hasta el exterior o alguna fosa séptica cercana. Además, un canalillo de agua limpia discurría a los pies de los usuarios, permitiendo, mediante un trapo o esponja atado a un palo, empaparlo y limpiarse las posaderas tras la operación. Buena opción si la comparamos con el resto del mundo no civilizado, que seguía orinando y defecando por las esquinas, pero igualmente asqueroso y maloliente, especialmente en ciudades concurridas.

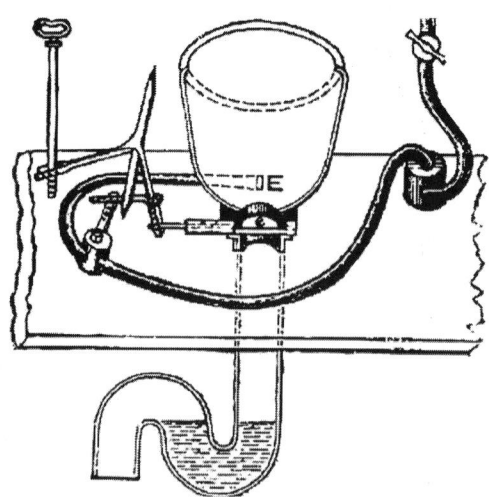

Detalle de la patente de Cumming, donde se aprecia en la parte inferior del dibujo el sifón, que mantiene sellado el desagüe con agua limpia tras la descarga de la cisterna, evitando el retorno de los malos olores.

Alexander Cumming (1733-1814), inventor del sifón inodoro que permitió que los retretes pudieran utilizarse en el interior de los hogares. Retrato de Samuel Drummond.

Unos pocos siglos antes, parece que los chinos ya usaban algo parecido, aunque es posible que sólo para uso del emperador, ya que en las excavaciones de la tumba de uno de los reyes de la dinastía Han, datada en el 206 antes de Cristo, apareció un espacioso trono de unos dos metros cuadrados tallado en piedra, con dos cómodos reposabrazos y un sistema de agua corriente por debajo.

Sin embargo, el primer sistema que intentó ser patentado en Europa viene de la mano del poeta inglés Sir John Harrington, que ideó en la corte de Isabel I un sistema de taza y vaciado con agua ubicado en un espacio apartado (*retrete*) en 1597. Sin embargo, dado que en la sociedad de la época las costumbres eran mucho más toscas, fue objeto de burla por un invento que nadie vio como necesario, negándosele la patente y quitándole de este modo la paternidad al bueno de John. La reina no lo aprobó, y, por tanto, los nobles, posible público potencial para este invento, tampoco lo apreciaron. De cualquier manera es posible que no hubiera funcionado porque en aquella época no existía una red de alcantarillado y el invento no hubiese sido útil por sí mismo.

Finalmente, en 1775, el escocés Alexander Cumming patenta el primer inodoro real (se llama así porque "no huele"), que no es un simple retrete, sino que incorpora, por primera vez, un sifón, que evita que la suciedad y los olores regresen por las tuberías tras la evacuación de la taza, creando una barrera de agua limpia que a la vez hace de tapón en el fondo de la taza. De este modo, tras la descarga de agua limpia, los desechos son arrastrados y el retrete se vuelve a llenar de agua cristalina y sin olores desagradables. Este sistema permitió que se pudiese utilizar en una habitación cerrada en el interior de edificios, en vez de tener que utilizarse estancias alejadas o incluso a la intemperie para hacer las necesidades. Posteriormente, se hicieron mejoras y modificaciones a este diseño, sobre todo en el sistema de carga y descarga del agua, de las válvulas y del flotador que hace que se cierre tras llenarse el depósito, pero la verdadera revolución fue el sifón inodoro de Cumming.

Inventores como Joseph Bramah, Albert Giblin, Thomas Twyford (que fabricó los primeros inodoros de cerámica), o Thomas Crapper (inventor de la válvula mediante flotador), mejoraron y perfeccionaron este utilísimo invento, llegando al punto de que, en 1848, el mismísimo Parlamento británico obligó a que se instalasen inodoros en las viviendas de nueva construcción.

Por cierto, las siglas WC provienen de *water closet* (armario de agua), ya que los primeros modelos estaban metidos dentro de muebles de madera para ocultarlos a la vista.

CEPILLO DE DIENTES

El cepillo de dientes es un elemento básico en nuestra higiene diaria. Gracias a la popularización de su uso y su empleo conjunto con pasta dentífrica, ha sido el responsable de que muchos de nosotros todavía conservemos nuestras piezas dentales en la boca. Y aunque pueda parecer que es algo normal, no lo es, puesto que hasta no hace tanto (las primeras fotografías de la historia así lo revelan), lo normal era llegar a los cuarenta o cincuenta años sin un solo diente. Personajes como María Luisa de Parma, esposa de Carlos IV, fue alabada por el mismo Napoleón debido a su excepcional dentadura de porcelana (aunque en su caso fue debido a sus múltiples embarazos, junto a la mala higiene dental). Otro ilustre mellado fue George Washington, que perdió sus dientes a los 30 años y a lo largo de su vida tuvo varias dentaduras postizas elaboradas con dientes de caballo, vaca e incluso humanos. Sí, humanos. Hay relatos de guerra en que los soldados, tras la batalla, recorrían el campo enemigo robando los dientes a los soldados caídos para venderlos y hacer dentaduras postizas. Horroroso…

Cepillos de dientes antiguos confeccionados con cerdas procedentes de pelo de animales.

El hombre desde la prehistoria ha intentado, al igual que muchos otros animales, aliviar sus problemas dentales por diferentes medios, siendo la masticación de ciertas ramas y hierbas las más utilizadas. Con el tiempo se dieron cuenta de que hay algunas especies que limpian los dientes al roerlas, y otras que alivian los dolores en caso de infección, incluso hay evidencias del uso de palillos y huesecillos en la más remota prehistoria, evidenciando que la higiene bucal siempre ha sido importante para nuestra especie.

Sin embargo, no podemos hablar de higiene dental hasta la aparición de herramientas fabricadas exprofeso para limpiar nuestros dientes. No es lo mismo un palo o espina que cogemos cuando se nos mete algo entre los dientes que un cepillo fabricado específicamente para tal fin, que se guarda y lleva encima para prevenir enfermedades dentales usándolo de forma regular. Y el primer cepillo como tal del que tenemos noticias aparece, como tantos otros inventos, en China. En el año 1498 el emperador Hongzhi ideó un cepillo hecho con pelos de cerdo salvaje unidos a un mango de bambú o hueso. Parece que su uso llegó a tener cierta popularidad, y que a través de las rutas comerciales llegó a Europa, aunque no tuvo demasiado éxito debido, entre otras cosas, a que las clases pudientes, que fueron las únicas que tuvieron acceso a este invento, no les gustaba la dureza de las cerdas.

Desde entonces y hasta el siglo XVIII, hubo tímidos intentos por encontrar un sistema de limpieza de los dientes que fuese eficaz y que se extendiese a todo el mundo, como la disertación de Pierre Fauchard en 1723, donde explicaba que los cepillos que usaban algunos contemporáneos suyos, hechos de pelo de caballo, apenas eran efectivos, o incluso Louis Pasteur, que advertía de la proliferación de gérmenes en las cerdas húmedas.

En el año 1770, el empresario inglés William Addis fabricó un cepillo de dientes durante su estancia en prisión por unos disturbios en Spitalfields. Desde su celda, y observando el modo en que el encargado de limpieza barría el suelo con la escoba, se le ocurrió pegar unas cerdas de grueso pelo a un mango para limpiarse los dientes. Parece poco ingenioso, pero el método usado en la época era frotárselos con polvo de conchas u hollín y un trapo.

Ilustración comercial de la compañía Addis en alusión a William Addis, el primer fabricante de cepillos de dientes en Inglaterra en 1780.

Al poco tiempo los empezó a fabricar en serie, con gran éxito, fundando en 1780 una empresa familiar que bautizó como Wisdom Toothbrush, que hoy en día es una de las más importantes de Inglaterra.

En el año 1840 los cepillos de dientes ya eran algo habitual, y se producían en masa en gran parte de Europa y Japón.

Desde entonces se ha ido perfeccionando el diseño y los materiales, ya que en 1925 Wallace Hume Carolhers inventa el nylon, siendo DuPont, en 1938 la primera empresa en comercializar cepillos de dientes con cerdas de este nuevo material, más resistente e higiénico que las cerdas de animales.

Aunque Addis fue el primer fabricante en serie que produjo de forma masiva los cepillos, la primera patente fue concedida a H.N. Wadsworth en 1857 (patente número 18.653), lo que inició la fabricación masiva de cepillos de dientes en Estados unidos a partir de 1885.

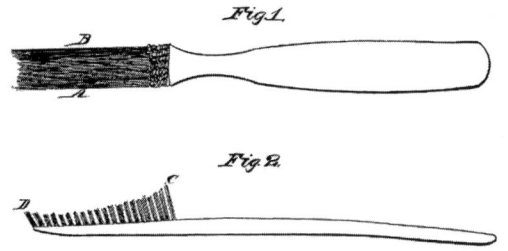

Primera patente americana de cepillo de dientes concedida a H.N. Wadsworth en 1857.

LÁPIZ

L a aparición de la escritura es fundamental para la civiliza-
ción, y supone uno de los cambios más notables en el desarrollo de la humanidad. No en vano los dos grandes períodos
en que dividimos la existencia humana son la Prehistoria y la
Historia, tras la aparición de las primeras fuentes escritas. Los
sistemas de plasmar las ideas y conocimientos en diferentes materiales ha ido evolucionando, desde simples marcas en tortas de
arcilla o caracteres grabados en rocas o madera, hasta los libros,
bien sean escritos a mano con plumas de ganso y tinta o vomi-
tados por una imprenta industrial.

De los métodos manuales de escritura podemos destacar las
cañas o varillas en forma de cuña de Mesopotamia, utilizadas
para hacer incisiones en arcilla (escritura cuneiforme), las tablillas romanas de cera que se grababan con un pequeño buril de
bronce, plumas de aves mojadas en tinta, pinceles de pelo de
animal… pero todo eso quedó obsoleto tras la aparición de un
pequeño y modesto invento: el lápiz de grafito.

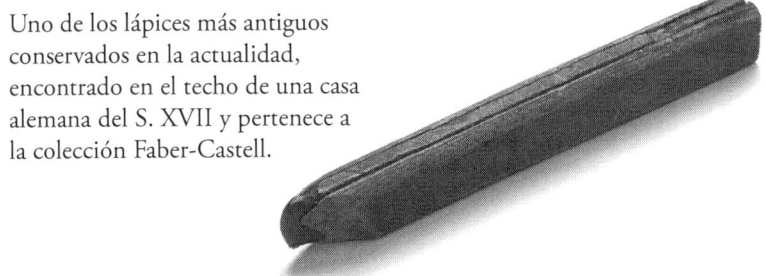

Uno de los lápices más antiguos
conservados en la actualidad,
encontrado en el techo de una casa
alemana del S. XVII y pertenece a
la colección Faber-Castell.

Los orígenes del lápiz se remontan al descubrimiento del grafito, un mineral oscuro y blando, capaz de manchar el papel y con la ventaja de poder ser borrado con miga de pan o gomas especiales. Aunque ya en el siglo XVI Alberto Durero empleaba barritas de plomo y estaño que podían ser borradas con miga de pan para hacer sus bocetos sin tener que derrochar tanto papel, no es hasta el año 1564 cuando se descubre de manera fortuita la existencia del grafito. Tras caer un rayo sobre un roble en el poblado de Cumberland, los lugareños observaron que en las raíces del tocón quemado se observaba una desconocida sustancia negra de apariencia mineral que manchaba las manos al tocarla. Era grafito, y un año después, en 1565, el alemán Conrad Von Gesner, desarrolló un sistema de escritura y dibujo envolviendo una barra de este nuevo mineral en una cuerda que se iba desenrollando desde la punta a medida que se iba gastando el núcleo de grafito, y posteriormente

Conrad Von Gesner, el inventor del primer lápiz de grafito en 1565. Anteriormente se usaban lápices similares, pero de plomo, como los empleados por Durero. La primera patente de lápiz de madera de cedro con núcleo de grafito y arcilla llegó en 1795, de la mano del alemán Joseph Hardtmuth.

entre dos tablillas de madera. Había construido el primer lápiz (del latín *lapis*, o piedra).

Inglaterra monopolizó la explotación de grafito durante años, hasta que en el siglo XVIII, tras interrumpirse las relaciones comerciales entre Francia e Inglaterra, el suministro de este mineral quedó únicamente en manos inglesas. Se hizo entonces necesario buscar un sustituto para la fabricación de lápices. Fue el militar Nicolas Jacques Conté, junto con el arquitecto alemán Joseph Hardtmuth, el responsable del desarrollo de un sucedáneo del grafito por una mezcla de grafito y arcilla, lo que reducía considerablemente el consumo del valioso mineral y que fabricaron en pequeños cilindros envueltos en otros mayores de madera de cedro. Recibió la patente en el año 1795. Este sería el modelo de lápiz que empleamos actualmente, y que permite que el núcleo interior se formule de diferentes compuestos para la obtención de lápices de colores.

Las ventajas del lápiz como elemento de escritura son numerosas, ya que no es necesario disponer de la engorrosa tinta (que además hay que secar antes de pasar de página), se puede llevar fácilmente en un bolsillo de manera limpia, es ligero se puede borrar, escribe sobre múltiples superficies y no se estropea si no se usa durante largos períodos de tiempo.

Puede parecer un invento más dentro de los muchos que tenemos para escribir, pero ¿quién no tiene algún lápiz en casa hoy en día? Este modesto invento ha sobrevivido al paso del tiempo y se codea con las más modernas impresoras, bolígrafos, plumas y demás cachivaches modernos. Y es posible que los sobreviva.

LATA DE CONSERVAS

A todos nos ha pasado. Llega la hora de cenar y la nevera está vacía. ¿Qué podemos hacer? ¿Llamamos a algún restaurante para que nos traigan algo? ¿Salimos a cenar fuera? Poco más se puede hacer, y si son horas intempestivas, ni siquiera podremos saciar nuestra hambre y habrá que irse a la cama sin cenar... ¿O no? Por suerte, rebuscando en un armario de la cocina aparecen unos pequeños objetos de metal con un abridor, tiramos de él y dentro encontramos deliciosos alimentos listos para el consumo. Esta noche podremos cenar.

Esta escena (muy dramatizada, lo sé), nos pude pasar a cualquiera de nosotros. Pero la solución es bien sencilla: ¡abrir una lata de conservas! Pero, ¿a quién se le ocurrió conservar alimentos en este tipo de envases tan prácticos? Vamos a descubrirlo.

Modelo de lata de hojalata patentado por Peter Durand en 1810 que facilitaba el transporte de las conservas, pues eran más resistentes a los golpes que las botellas de vidrio. Esta lata fue fabricada por la empresa de Bryan Donkin hacia 1815. Mide 14 centímetros de alto por 18 de ancho y actualmente se encuentra en el Museo de la ciencia de Londres.

Desde la prehistoria la conservación de los alimentos frescos ha sido vital para la supervivencia de los seres humanos. En tiempos benignos, cuando la caza y los frutos silvestres abundan, la alimentación no es un problema, y no hay que preocuparse demasiado por acumular y conservar la comida. Pero cuando llega el invierno y la caza escasea, los árboles ya no dan frutos y los arbustos están secos, entonces vienen los problemas.

Ya desde tiempos prehistóricos se conoce el poder de la deshidratación y su efecto en la conservación de los alimentos. Así, el secado al sol o las salazones, han sido un método muy empleado para que no se estropee la carne o el pescado. Podemos incluso citar la archiconocida anécdota de que los romanos pagaban con sal (muy valiosa, no tanto como condimento, sino como conservante) a sus soldados, derivando de esta acción el término "salario". También se ha utilizado el hielo y la nieve, que se almacenaba durante el invierno en despensas o neveros (de ahí nuestra palabra "nevera"), y servía de refrigerador para la época más calurosa, en la que los alimentos se estropean con mayor rapidez. Pero es que es cierto: quien podía conservar sus alimentos tenía más posibilidades de sobrevivir y estar sano que quien no tenía esta capacidad.

Sin embargo, este método de salado plantea algunos problemas nutricionales, como son la pérdida de ciertas vitaminas y otros elementos esenciales, la gran cantidad de sodio que se ingiere y el sabor, que suele variar con el proceso de conservación respecto de los alimentos en su estado fresco. Además, tampoco evita por completo que los alimentos se estropeen, sobre todo en ambientes muy húmedos, como son las bodegas de un barco.

Y es precisamente por este motivo, los largos viajes por mar, por lo que se investigan nuevas formas de conservación de la comida.

El siglo XVIII se caracteriza por ser una época de grandes conflictos bélicos en la mar. Francia, Inglaterra, España, Holanda… todas las potencias europeas pugnaban por hacerse con el dominio de los mares y las rutas comerciales, y sus marineros llegaban a pasar meses e incluso años embarcados, con los consiguientes problemas de salud derivados de la dieta a base de salazones y galleta. Las pocas frutas y verduras frescas que se embarcaban duraban apenas unas semanas, convirtiendo la dieta del marino en un desastre nutricional. Es entonces cuando comienza una carrera por tratar de conservar los alimentos el mayor tiempo posible para poder llevarlos a bordo y mejorar la alimentación y salud de la marinería.

 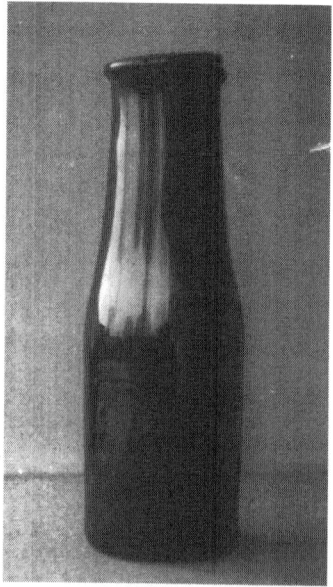

Nicolas Francois Appert y su "botella napoleónica", sistema de conserva de vidrio que se esterilizaba mediante su inmersión en agua hirviendo durante unos minutos y que permitió conservar alimentos frescos durante largos períodos de tiempo.

En este escenario, un confitero francés, Nicolas Francois Appert, alrededor del año 1795, logra idear un sistema que alarga la vida de los alimentos y que consistía en meterlos en recipientes de vidrio sellados con cuerda y cera que posteriormente hervía durante unos minutos. Con este método descubrió que se podía almacenar durante mucho tiempo la comida de su interior sin que esta se estropease. Es muy interesante este descubrimiento, sobre todo el proceso de hervir los recipientes sellados para esterilizarlos, ya que todavía faltaba mucho tiempo hasta que Pasteur, en 1860, descubriera que el calor mataba a los microorganismos responsables del deterioro de los alimentos. Este sistema fue un éxito y comenzó a fabricar miles de tarros para la marina francesa, hecho por el que el mismísimo emperador Napoleón Bonaparte, decide premiarle con 12.000 francos a cambio de poder publicar su método en 1810.

Sin embargo, aunque este sistema era impecable para conservar las propiedades e incluso el sabor de las raciones, el envase de cristal presentaba problemas de almacenaje y de roturas frente a los impactos, algo muy habitual en las mercancías embarcadas. Poco tiempo después, Philippe de Girard viaja a Inglaterra para intentar sacar partido de este nuevo invento, pero añade una novedad respecto al sistema de Appert, y es sustituir el envase de cristal por unas latas de hierro forrado de estaño (hojalata, un invento británico reciente que estaba revolucionando muchos sectores, ya que el estaño evitaba la corrosión del hierro al que cubría) que eliminan los problemas de fragilidad y almacenaje de los tarros de vidrio. En Londres se asocia con el empresario Peter Durand, con el que realizará presentaciones de su novedoso sistema ante la Royal Society de Londres. Este nuevo método es rápidamente aceptado y la patente de Durand es vendida en 1811 a Bryan Donkin, que será el responsable de abrir la primera fábrica de conservas de la historia tan sólo dos años después.

Como dato curioso, podemos decir que el abrelatas, un complemento imprescindible para este invento, no aparece hasta la década de 1850, aliviando el titánico proceso que suponía abrir las latas cortando la parte superior con escoplo y martillo, como rezaban las instrucciones de uso. Primeramente, se utilizaron exclusivamente para la marina y hospitales, aunque con el tiempo este sistema de conservación llegó a todas las clases y se expandió por todo el mundo, sobreviviendo incluso hasta nuestros días, en que la industria conservera tiene un importante papel en la economía y en la industria agroalimentaria a nivel mundial.

LA CERILLA

El fuego es uno de los descubrimientos más importantes de la prehistoria, ya que ofreció a nuestros antepasados una fuente de luz y calor controlada que les permitió defenderse de animales salvajes, iluminar zonas oscuras, adentrarse en cavernas y cocinar alimentos, hecho este último de vital importancia para poder consumir ciertos alimentos tóxicos en crudo. Es posible que la cocina sea una de las características más importantes del ser humano, y el descubrimiento del fuego posibilitó la transformación de los alimentos.

Sin embargo, y aunque se conoce su uso desde tiempos prehistóricos, el dominio del fuego siempre ha sido un elemento importante (vital en la prehistoria) y sagrado para muchas culturas. Recordemos si no a Prometeo y su periplo para robárselo a los dioses.

Los métodos para iniciar una llama son sencillos en su teoría, pero cuando intentamos reproducirlos hoy en día, nos cuesta bastante conseguirlo y vemos que no es tan fácil como en los documentales de la televisión. Si alguno de ustedes ha intentado hacer fuego frotando dos palitos de madera o golpeando piedras sabrá de lo que hablo.

Hay diferentes métodos para controlar el fuego. Desde los primeros sistemas de "mantener el ascua viva", consistentes en transportar ascuas candentes evitando que se enfríen para poder encender un nuevo fuego, hasta los más sofisticados encendedores de ignición actuales, ha habido una evolución de las técnicas según los conocimientos y necesidades de cada tiempo. Así, es posible encender fuego frotando palos secos de dos especies diferentes, golpeando una piedra de sílex con otra rica en hierro (el llamado sistema de "yesca y pedernal"), mediante cristales transparentes pulidos o espejos que concentren los rayos del sol (vidrios y espejos ustorios), doblando repetidamente alambres de metal que se calientan por la fricción, etc.

Sin embargo, la aparición de un pequeño palito capaz de encenderse tras frotarlo con un papel de lija, las cerillas, fueron un antes y un después en los sistemas de generación de fuego portátiles.

Fue en el año 1826 cuando el químico y farmacéutico británico John Walker descubrió, por casualidad, el fundamento de la cerilla. Estaba trabajando en la formulación de un nuevo explosivo mezclando sulfuro de antimonio, clorato de potasio, goma y almidón. Cuando fue a limpiar restos secos de su mezcla adheridos al palo que usaba para removerla, al frotarla contra el suelo observó que la costra seca ardía, incendiando la punta del palo. Esto le impactó, y se le ocurrió la idea de hacer pequeños palitos de 7 cm de longitud impregnados en esa mezcla química para enseñárselos a sus amigos y comercializarlas de algún modo. Hizo varias presentaciones y exhibiciones en Londres, y tuvieron muy

John Walker (1781-1859), químico y farmacéutico británico, fue quien descubrió en 1826, casi por casualidad, el fundamento de la cerilla.

Antiguo bote porta fósforos y cajetilla de "lucíferos", las cerillas nauseabundas y tóxicas de Samuel Jones fabricadas copiando el descubrimiento de John Walker a partir de 1830.

buena acogida. Aunque se le instó a que patentara su invento, Walker decidió no hacerlo, pues se consideraba farmacéutico y químico, y no inventor. Esta decisión fue aprovechada por Samuel Jones, también británico, que la patenta en 1830 bajo el nombre de "Lucíferos". Así es como creó las primeras cerillas, que vendía en pequeñas cajitas de cartón. Estas cajitas de cerillas hicieron muy cómodo el transportarlas, y los principales clientes fueron los fumadores, que aumentaron en número debido a la facilidad de llevar todo junto y poder fumar en cualquier lugar. No obstante, estas cerillas presentaban un olor nauseabundo que disgustaba a los usuarios, y era muy tóxica, por lo que se advertía que las personas de pulmones delicados no inhalaran los vapores que producía la ignición. Posteriormente, el francés Charles Sauria mejoró la fórmula, mitigando el mal olor al utilizar por primera vez el fósforo, pero no su peligrosidad, por lo que no aportó mucho al invento de Walker.

El primero que descubre un sistema para que las cerillas no sean nocivas fue el sueco Gustaf Erik Pasch, que reemplazó el tóxico fósforo blanco por fósforo rojo, menos nocivo, pero también menos inflamable. Logró que funcionase añadiendo en las cajetillas un abrasivo de formulación especial, que permitía que ardiese como el fósforo blanco, patentando su sistema en 1844. También impedía que se encendiesen accidentalmente, pues sólo ardían si se frotaban contra la banda abrasiva especial de su cajetilla. Había nacido el fósforo de seguridad. No obstante, la patente no le granjeó éxito económico, ya que no logró solventar algunos problemas que las hacían inviables económicamente, y fueron los hermanos Karl y Johan Lundström los que los solucionaron, mejorando el diseño y ofreciendo coloridas cajetillas que entusiasmaban a los clientes.

Finalmente, en el año 1911, la empresa norteamericana Diamod Match Company sustituyó el fósforo por sulfuro de fósforo, esta vez inofensivo, y cedió la patente a las empresas rivales para que no se siguiera envenenando a los clientes.

Actualmente, y debido a los encendedores de gas, las cerillas han visto reducido su consumo, aunque muchos las seguimos utilizando en cocinas de gas, velas, calentadores eléctricos y, especialmente, en las velas de las tartas de cumpleaños, cosa que encanta a los más pequeños de la casa.

PINZA DE LA ROPA

No hay acción más cotidiana que hacer la colada. Se lava la ropa, se escurre bien y se tiende al sol para que se seque. Todos realizamos esta actividad varias veces a la semana, y un elemento que no puede faltar en este interminable ritual es la pinza de la ropa, un pequeño objeto de madera o plástico que evita que nuestras sábanas acaben en el patio del vecino o salgan volando con una ráfaga de viento. Lógico, ¿verdad? Sin embargo, este pequeño elemento no parece haber sido utilizado hasta tiempos muy recientes.

En los pocos cuadros o pinturas de la vida cotidiana que conservamos y en los que aparece alguna escena relacionada con el lavado y secado de la ropa, en ninguno vemos pinza alguna. Incluso en algunas pinturas de Pompeya, en las que aparecen escenas de ropa tendida, no hay ningún vestigio de pinzas (por ejemplo, en el fresco de los cupidos de la Casa de Vetti). Hasta en *Las Lavanderas* de Goya, de 1709, por mucho que busquemos, no encontraremos ninguna pinza sujetando las sábanas. Parece ser que antaño la ropa se secaba sobre ramas o tendederos especiales, pero sin utilizar ningún tipo de mecanismo para sujetarla. ¿Quiere decir que no existía nada parecido a una pinza? No, simplemente, no tenemos constancia de que se usaran ni ha llegado hasta nosotros ninguna pinza antigua.

Las primeras referencias que tenemos de un sistema de retención de la ropa en una cuerda o tendedero datan de principios del siglo XIX, concretamente en el año 1809, cuando Jérémie Victor Opdebec patenta la pinza de madera de una sola pieza. Y eso es todo lo que sabemos sobre él. Ni siquiera su nacionalidad, aunque hay quien apunta a que era oriundo de Bélgica. Su invento consistía en un cilindro de madera o hueso ligeramente flexible, cuyo extremo estaba cortado en forma de horquilla, lo que permitía sujetar elementos de pequeño grosor a cuerdas o ramas. Es similar a las pinzas de buceo que usaban los buscadores de perlas en Japón o los actuales buceadores que practican la apnea.

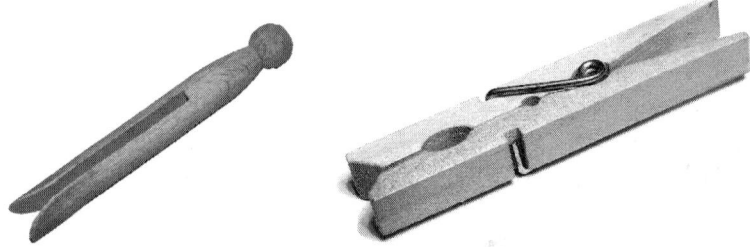

Pinza de madera de una sola pieza patentada por
Jérémie Victor Opdebec y modelo actual.

El diseño actual de dos piezas de madera unidas por un resorte metálico que les permite hacer presión es más moderno, y lo patenta David McAllister Smith en 1853, un carpintero norteamericano nacido en 1809 en Hartland, Vermont (condado de Windsor). En 1842 se trasladó a Springfield (Vermont), donde trabajaba como orfebre, mecánico y carpintero para múltiples proyectos, desde mobiliario a piezas para trabajos de ingeniería hidráulica. No es raro que se dedicase a la madera, ya que Vermont (literalmente "montañas verdes") era una de las zonas de Estados Unidos más boscosas, presentando una superficie arbolada superior al 90% en aquellos días. Fue allí donde, rodeado de piezas de madera, tuvo la idea de unirlas con un resorte para fabricar las actuales pinzas de la ropa. La patente de 1853 muestra un diseño similar al actual y otros dos más primitivos con los que los compara, señalando las ventajas de su invento sobre las viejas pinzas de una sola pieza de Opdebec. Ese mismo año funda la empresa *D.M. Smith & Co* junto a Albert Brown, Hamlin Whitmore y Henry H. Mason para la fabricación de sus pinzas, contando con 60 empleadas y facturando más de 40.000 dólares al año. Posteriormente aparecerán mejoras en su diseño, hasta que en 1887 otro inventor, Solon E. Moore, optimiza el diseño y crea el muelle interno actual, que evita que la pinza salte por los aires si se retuerce un poco.

Parece mentira, pero la industria de las pinzas de la ropa creó una fuerte competencia entre estados y países, compitiendo duramente Estados Unidos y Europa por ofrecer el mejor producto a un precio más económico. Puede parecer algo superfluo, pero la enorme demanda por parte del público convertía este mercado en toda una mina.

La pinzas rápidamente se emplearon para más usos, ya que sujetaban temporalmente cualquier cosa que requiriese fijación rápida, y tanto los músicos, que podían sujetar sus partituras, como mecánicos, carpinteros o sastres, descubrieron rápidamente nuevas aplicaciones para este pequeño y útil invento.

Hoy en día seguimos fabricando y consumiendo millones de pinzas en el mundo, ya sean de madera, de plástico o de metal, y todos coincidimos en que es uno de los inventos más sencillos y útiles de la historia de la invención.

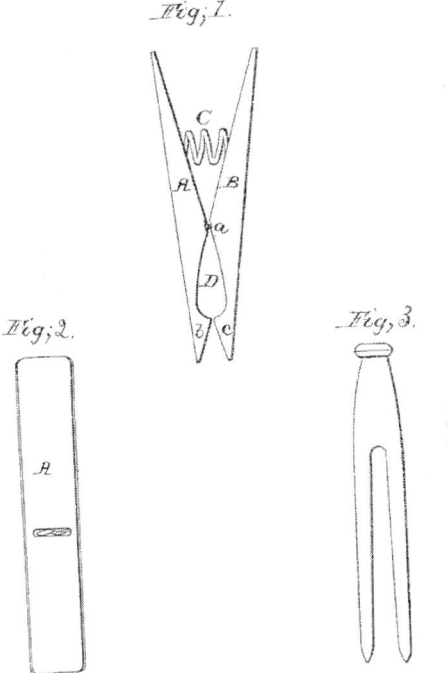

Patente de la pinza de David M. Smith de 1853, donde se describe por primera vez el mecanismo de pinza de dos piezas con resorte y se compara con los modelos anteriores, menos eficientes.

ABRELATAS

Los alimentos en conserva supusieron un gran avance en el almacenaje de comida durante periodos prolongados de tiempo, desde las botellas de cristal napoleónicas hasta las latas de conserva de hojalata. Y aunque parezca mentira, el abrelatas no fue un invento inmediato a la aparición de las latas, sino que tardó nada menos que medio siglo en ser inventado. Si bien las conservas en lata fueron un invento revolucionario que permitían almacenar con comodidad los alimentos durante años, su apertura no era en absoluto una tarea fácil. En las instrucciones de apertura se indicaba que debía cortarse la parte superior del envase con martillo y escoplo, o con algún instrumento similar. Dado que los primeros usos de las latas de conserva eran militares, algunos de los métodos que se empleaban para poder consumir su contenido eran abrirlas a bayonetazos o directamente de un disparo. No hay que olvidar que aquellas primeras latas no eran como las actuales, sino que estaban fabricadas con una gruesa plancha de metal cubierto de estaño, mucho más duro y resistente que nuestras actuales latas de conservas.

A lo largo de los años 50 del siglo XIX, con la proliferación de este tipo de envases en las tiendas civiles, el público empieza a comprar conservas enlatadas, pero para abrirlas muchas veces recurrían al propio tendero, que ya tenía algún sistema de apertura o abrelatas rudimentario para este efecto. En 1855 el inglés

Robert Yeates, cuchillero y fabricante de instrumentos quirúrgicos de Middlesex, presenta un modelo de abrelatas de acero en forma de garra afilada y mango de madera que se utiliza a modo de palanca sobre la parte superior de

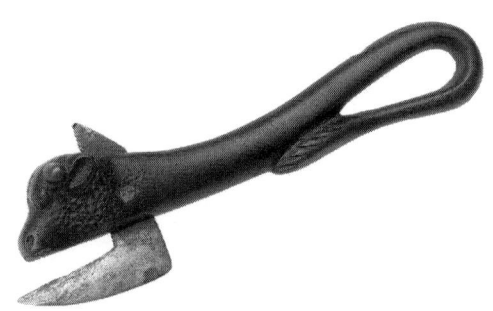

Modelo de abrelatas de alrededor de 1930 que se incluía junto a las latas de carne en conserva y que fue muy popular por su cuidado diseño en forma de cabeza de toro.

la lata, cortando el metal y abriéndola de una forma más o menos eficaz. Dado que las latas aún eran muy gruesas y que el diseño del abridor no estaba perfeccionado, muy pocos eran los valientes que se atrevían a usar un instrumento tan peligroso, en el que un movimiento en falso o un resbalón podían dejar al hambriento operador sin dedos. Unos años después, en 1858, el norteamericano Ezra J. Warner patenta un abrelatas con forma de bayoneta más complejo y con partes intercambiables, que fue muy usado durante la guerra civil, aunque todavía era poco práctico, difícil de usar y peligroso.

Durante esos años el diseño de las latas se modificó, haciendo las paredes de las latas más finas, lo que fue facilitando poco a poco el trabajo de los abrelatas, que no precisaban de tanta fuerza para que realizaran su función. Este cambio en el grosor de la hojalata permitió que en 1866 el neoyorquino J. Osterhoudt ideara un sistema muy ingenioso y que hasta hace no mucho tiempo estuvimos utilizando. Este método consistía en cerrar las latas con una fina chapa de hojalata que terminaba en una pestaña de metal. Para abrir la lata se metía esta pestaña en una rendija que tenía en la punta el abrelatas en forma de llave y se hacía girar, enrollando la tapa sobre el abrelatas y permitiendo el acceso al contenido. Se puede considerar como el primer abre-fácil, puesto que realmente era muy sencillo de usar y evitaba los accidentes y cortes que se producían tan a menudo con los abrelatas previos.

Aunque tal vez el más popular de los abrelatas se lo debamos al también estadounidense William W. Lyman, que diseñó en 1870 una rueda afilada a modo de cuchilla que abría la lata girando y cortando el borde al accionar una llave que incorporaba. Al principio sólo tenía una cuchilla, pero pronto descubrió que con dos ruedas que aprisionaran el borde de la lata se facilitaba mucho el proceso de apertura y era muy difícil tener un accidente con su modelo.

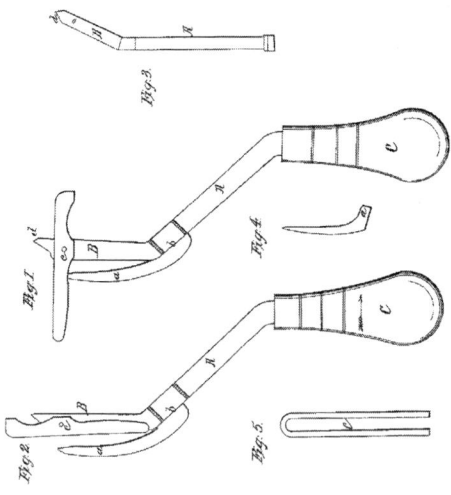

Patente de uno de los primeros sitemas de abrelatas realmente funcional, presentado por Ezra J. Warner en 1858 y muy utilizado en norteamérica durante la guerra civil.

Muchas variantes y diseños se hicieron desde entonces, siendo una especialmente popular, que se basaba en el modelo primigenio de Yeates, y que se incluía en las latas de carne en escabeche a partir de 1865. Este modelo fue muy popular, pues el mango tenía forma de cabeza de toro realizado en hierro fundido y agradó mucho a los consumidores, más por su estética que por su funcionalidad real. Estuvo usándose hasta los años 30 del siglo XX.

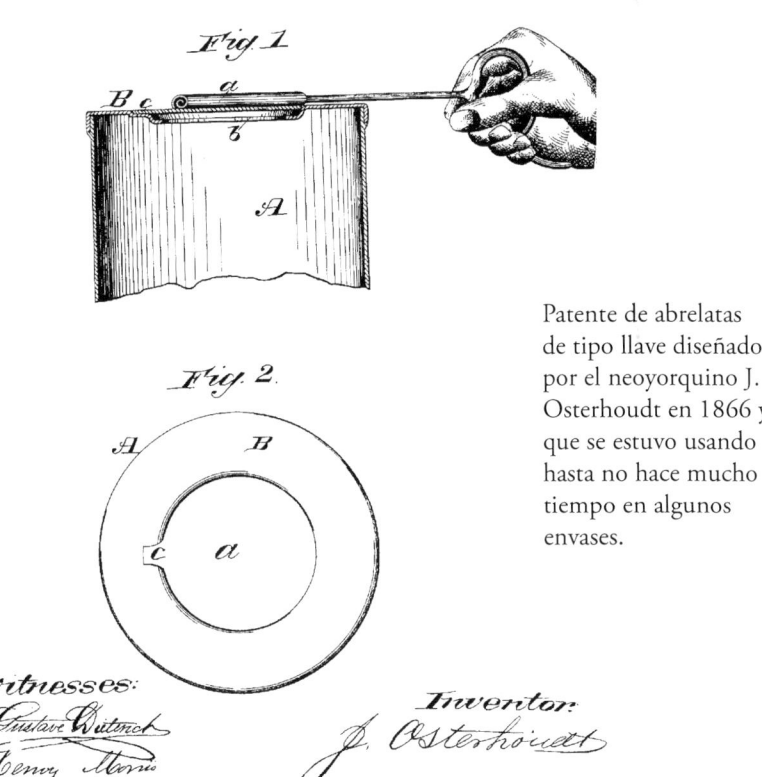

J. OSTERHOUDT.

Method of Opening Tin Cans.

No. 58,554.   Patented Oct. 2, 1866.

Patente de abrelatas de tipo llave diseñado por el neoyorquino J. Osterhoudt en 1866 y que se estuvo usando hasta no hace mucho tiempo en algunos envases.

(No Model.)

L. P. RAY.
DUST PAN.

No. 587,607.

Patented Aug. 3, 1897.

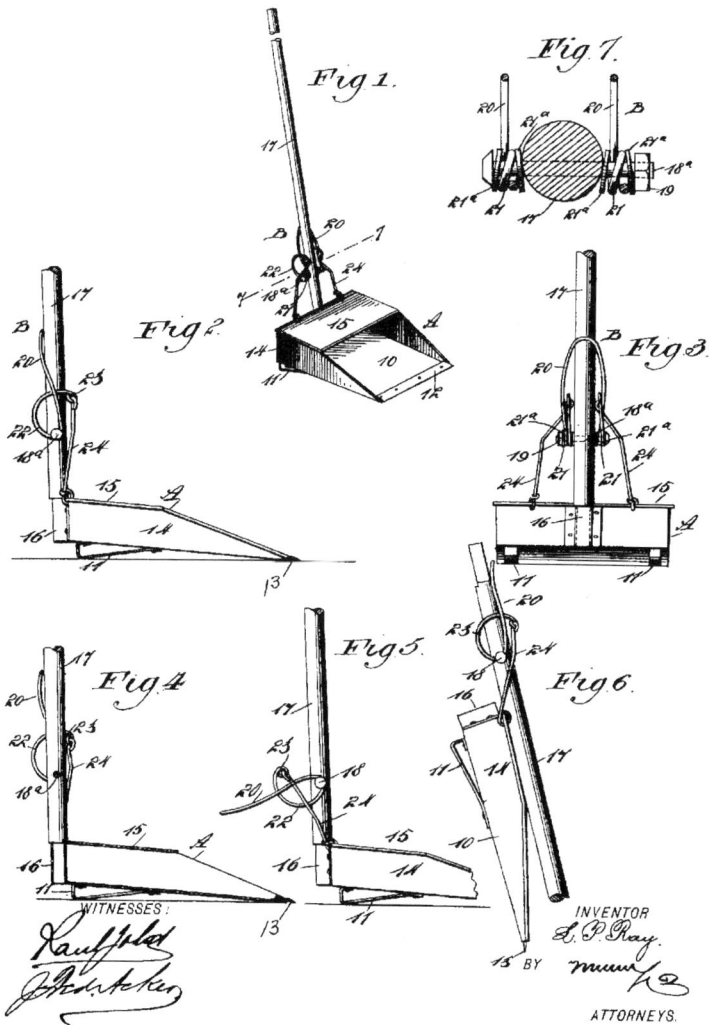

Patente concedida a Lloyd P. Ray en 1897 en la que mejora sustancialmente tanto el diseño del recogedor, haciendo que escapase menos polvo, como el mango, que permitía barrer sin tener que agacharse.

Muchas variantes y diseños se hicieron desde entonces, siendo una especialmente popular, que se basaba en el modelo primigenio de Yeates, y que se incluía en las latas de carne en escabeche a partir de 1865. Este modelo fue muy popular, pues el mango tenía forma de cabeza de toro realizado en hierro fundido y agradó mucho a los consumidores, más por su estética que por su funcionalidad real. Estuvo usándose hasta los años 30 del siglo XX.

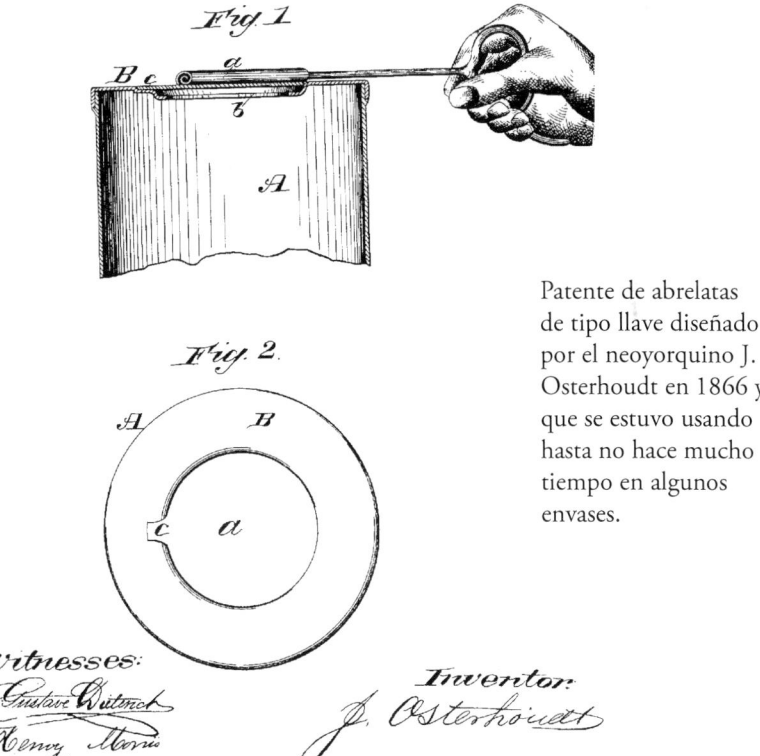

J. OSTERHOUDT.

Method of Opening Tin Cans.

No. 58,554.   Patented Oct. 2, 1866.

Patente de abrelatas de tipo llave diseñado por el neoyorquino J. Osterhoudt en 1866 y que se estuvo usando hasta no hace mucho tiempo en algunos envases.

Como curiosidad, en 1906 José Valle Armesto, inventor asturiano que sirvió como militar en Cuba, viendo lo difícil que era abrir latas de conserva en medio de maniobras militares, diseña un abrelatas portátil de construcción sencilla, barata y eficaz, que bautizó como "el explorador español", y que copiaron en los años 40 ejércitos como el norteamericano para incluir en sus raciones de campaña. Este modelo se sigue empleando a día de hoy, ya que, además de abrir latas, sirve para destapar botellas con chapa e incluso como destornillador. Vamos, una navaja suiza en toda regla.

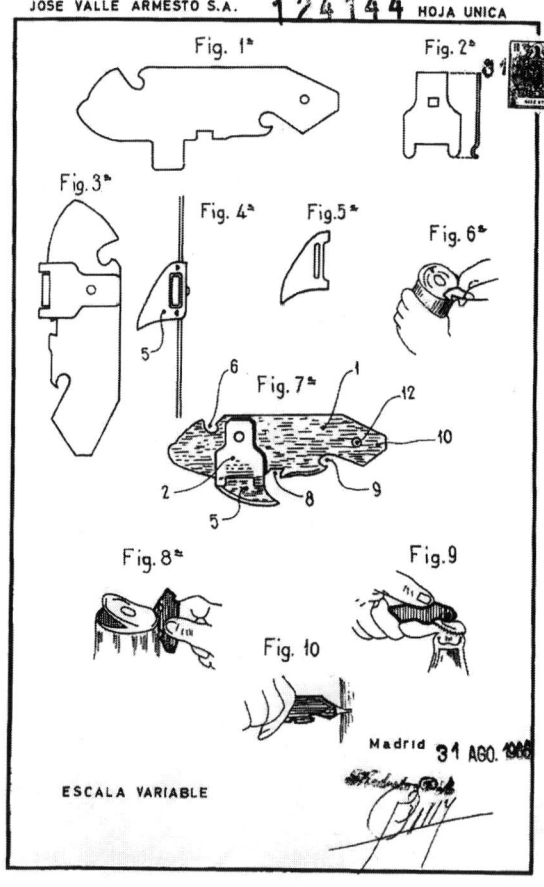

"El explorador español", el ingenioso sistema de abrelatas multifunción compacto y plegable diseñado por el asturiano José Valle Armesto en 1906 y que se ha copiado con descaro por ejércitos de todo el mundo para incluirlo en las raciones de campaña.

RECOGEDOR

Pese al uso ya generalizado de los aspiradores, muchas veces, para limpiar los suelos, hay que usar la escoba. Bien porque no lo tenemos a mano, o porque estamos en el exterior de nuestra casa. Y si usamos una escoba, no puede faltar otro compañero de limpieza, el recogedor. Puede parecer obvio, pero el recogedor es un invento relativamente moderno, y con dos claros inventores, que patentan dos diseños que seguimos usando hoy en día. Al conocer este curioso dato me pregunté cómo se usaba la escoba antaño, y parece ser que servía para barrer la suciedad y lanzarla por la puerta de la casa hacia la calle, sin preocuparse de recogerla ni depositarla en ningún contenedor.

El primer inventor que patenta un sistema de recogida de residuos es T.E. McNeill, que recibe en 1858 la patente número 20.811 de Estados Unidos. La bautizó con el nombre de *Dustpan* (literalmente sartén para el polvo), nombre que se sigue empleando hoy en día en la lengua inglesa, y consistía precisamente en eso, en una especie de sartén con un mango y un rebaje en la parte frontal que permitía que al barrer hacia ella, el polvo quedase recogido y se pudiese tirar en otro lugar. La "sartén" se cogía con una sola mano, dejando libre la otra para, con un cepillo, arrastrar la suciedad hacia ella.

Unos años más tarde, en 1897, el inventor afroamericano Lloyd P. Ray, mejora el diseño, añadiendo un palo vertical que permitía utilizar el recogedor sin necesidad de agacharse ni ensuciarse, haciendo más cómodo y ergonómico su uso. Además, modificó el diseño del recipiente, agrandándolo y cerrando su parte posterior, lo que permitía capturar más cantidad de polvo y ensuciaba menos. Ambos problemas afectaban principalmente a la comunidad negra, que era mayoritariamente la que ocupaba los puestos de limpiadores y barrenderos, por lo que su invento mejoró las condiciones de trabajo de todas aquellas personas. El 3 de agosto de 1897, recibió la patente número 587.606, y desde entonces su diseño ha permanecido prácticamente inalterado hasta nuestros días.

Lloyd P. Ray, el inventor afroamericano que mejoró el recogedor de McNeill añadiendo un palo para poder ser utilizado de pie, en vez de tener que estar agachado o arrodillado mientras se barría el suelo.

Es increíble que un invento tan sencillo y útil no existiera hasta hace apenas 160 años, y que estas labores, tan pesadas e ingratas, realizadas siempre por las personas más humildes, no tuvieran ni un alivio hasta hace tan poco tiempo. Seguramente a estos inventores les tocara barrer alguna vez y fuera entonces cuando vieran lo sucio e incómodo que era, lo que les motivó a inventar algo para facilitarse la tarea. En las páginas de este libro veremos que no es el único caso, y que cuando las tareas pesadas o peligrosas las realiza otro, no hay tanta urgencia en intentar que sean más llevaderas…

T. E. Mc Neil,

Dust Pan,

Nº 20,811.   *Patented July 6, 1858.*

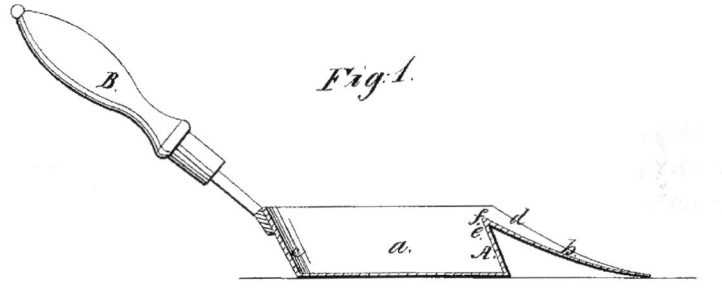

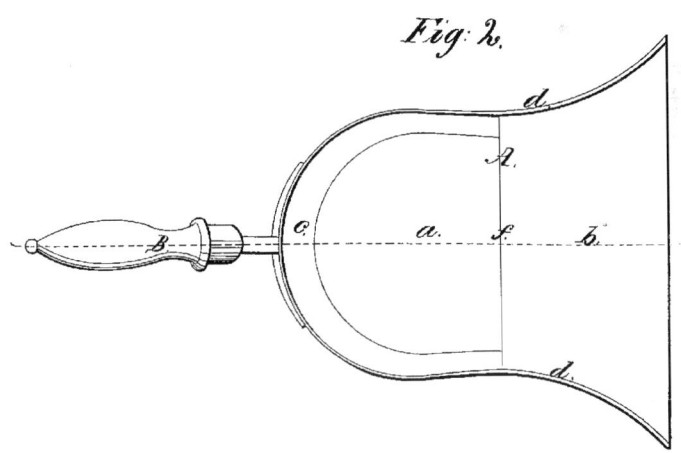

Patente de MCNeill de 1858, la primera de este tipo que conocemos. Resulta llamativo que sea tan reciente en el tiempo.

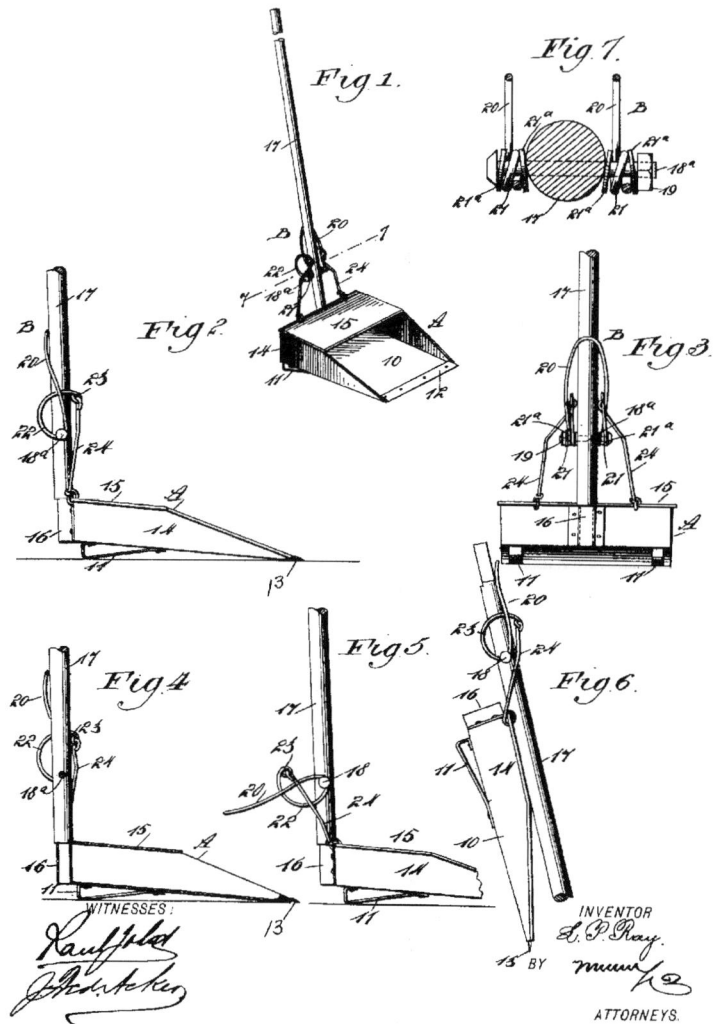

Patente concedida a Lloyd P. Ray en 1897 en la que mejora sustancialmente tanto el diseño del recogedor, haciendo que escapase menos polvo, como el mango, que permitía barrer sin tener que agacharse.

EXPRIMIDOR

Junto con el primer café de la mañana, muchas personas en el mundo se desperezan con un vaso de zumo de naranja o pomelo recién exprimido. Es la mejor manera de empezar el día bien vitaminados, y sus propiedades hidratantes, de aporte de fibra y vitamina C son maravillosas para nuestro organismo. Cogemos un par de buenas naranjas, las cortamos por la mitad, y con nuestro exprimidor las dejamos secas en pocos segundos, pudiendo disfrutar en el momento de un exquisito zumo recién hecho.

Parece algo habitual, pero no siempre se han hecho así los zumos. Los primeros exprimidores de los que tenemos constancia fabricados expresamente para este fin proceden de Turquía, concretamente de la ciudad de Kutahya, donde en el siglo XVII elaboraban una especie de plato de cerámica con una protuberancia en el centro sobre la que se estrujaba medio limón para obtener su preciado jugo. Posteriormente, y debido sin duda a la moda de desayunar con zumo de naranja, aparecieron las primeras patentes de aparatos exprimidores de fruta. Y digo "primeras" porque este es uno de los inventos que más patentes tienen, llegando a superar las 200, y en las que cada nueva patente intenta ser la definitiva, mejorando ligeramente las anteriores o incorporando pequeñas novedades como depósitos de zumo, separadores de pulpa, motores rotatorios, cazoletas a presión, etc.

La primera patente como tal de la que tenemos noticia se la debemos al ingeniero mecánico estadounidense Lewis Chichester, en 1860, realizado en hierro fundido, y que parece más una máquina de tortura que un exprimidor moderno. El artilugio, parecido a una especie de pinza, consta de dos cazoletas que encajan una sobre otra, con forma de medio limón. Al abrir la pinza, se coloca medio limón o naranja sobre la parte puntiaguda y se cierra la pinza, haciendo que baje la parte superior, con forma de cazoleta, que estruja el cítrico sobre la base y extrae el zumo. Este sistema, a pesar de su sencillez, es relativamente eficaz, aunque no separa las pepitas ni la pulpa del zumo, debiéndose emplear para ello un colador adicional.

El sistema es el mismo que emplean las máquinas industriales de zumo, debido a su sencillez y eficacia.

Inmediatamente aparecieron numerosas patentes que, basándose en el principio de Chichester, fueron mejorando las funciones y la eficiencia del invento, como la de John T. White, de 1896, donde incorpora un colador para evitar la caída de pulpa y pepitas en el zumo.

Durante los siguientes años se siguieron presentando modelos manuales, de rotación, de presión, máquinas que trituraban la fruta, pequeños sistemas que se incrustaban en las naranjas y limones y que los convertían en pequeñas cantimploras, permitiendo extraer el zumo a través de una boquilla... Y con la llegada de la electricidad, la incorporación de motores para exprimir el zumo simplemente presionando sobre la mitad de la fruta, como los que utilizamos hoy en día la mayoría de nosotros.

Parece mentira que una cosa tan sencilla como exprimir un cítrico haya despertado tanto ingenio y recibido tantas patentes. Sobre todo porque se puede exprimir simplemente estrujándolo con la mano o triturando la pulpa con un tenedor... Parece ser que el principal interés por llevarse la patente residía en la creciente demanda de zumos en los establecimientos de Norteamérica, donde se buscaba una forma automatizada de lograr zumo recién exprimido rápidamente para poder cubrir la demanda en el menor tiempo posible. Estos ingenios automatizados serían utilizados a diario por millones de personas y decenas de miles de establecimientos, por lo que quien tuviera la patente ganadora se convertiría en millonario.

Sea como fuere, dado que hay tantísimos padres para tan modesto invento, nos quedaremos con las primeras patentes registradas, aun sabiendo que este invento, o por lo menos otros parecidos, ya se llevaban usando en todo el mundo desde hacía mucho tiempo.

Exprimidor patentado por Lewis Chichester en 1860, posiblemente la primera patente de un instrumento para sacar el jugo a los cítricos.

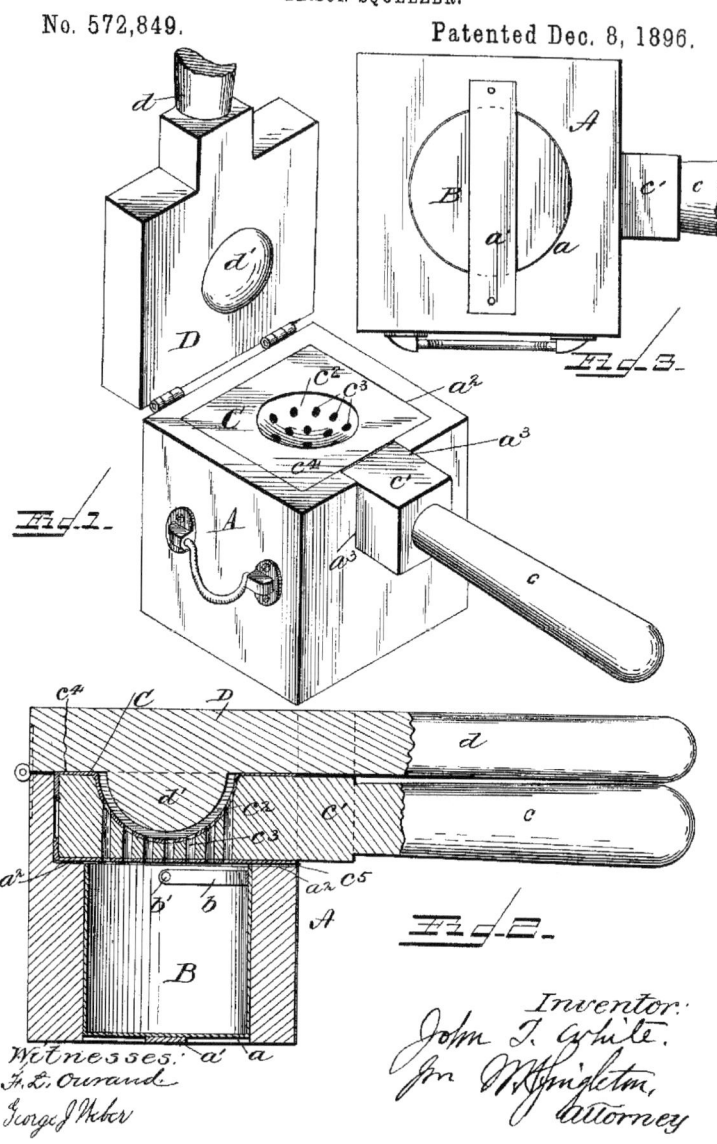

Patente de 1896 a favor de John T. White, presentando un nuevo sistema de exprimidor con depósito de zumo y filtro para la pulpa y las pepitas.

Rollo de papel higiénico

No hay invento más humilde y necesario que el papel higiénico. Un modesto trozo de papel enrollado en un cilindro
de cartón que todos usamos varias veces al día y que tiene múltiples usos, aparte del obvio.

Es imposible saber cuándo empezamos a limpiarnos el tra-
sero, ya que los animales no lo hacen, y seguramente nuestros
antepasados más lejanos tampoco. Es muy probable que esté
relacionado con el uso de vestimentas, pero es sólo una hipóte-
sis. Lo cierto es que en todo el mundo, desde hace milenios, se
ha utilizado algún método de higiene personal, ya fueran hojas,
piedras, tejas recortadas, cortezas de árboles y frutos, tejidos,
etc. Hubo sistemas muy sofisticados, como los empleados por
los romanos hace más de 2.000 años en sus letrinas, consistente en una esponja atada a un palo que se humedecía antes de
ser utilizada. También hay constancia de retales de finos tejidos
humedecidos y perfumados utilizados por los chinos en el siglo
XIV, cortezas de abedul o, simplemente, la mano izquierda y
una fuente de agua donde limpiarse, como en ciertos países mu-
sulmanes, herederos de tradiciones beduinas de África y Oriente
Próximo.

Sin embargo, hasta el siglo XIX no se crea un sistema estandarizado y aceptado a nivel mundial para limpiar nuestras posaderas. A finales del siglo XIX ya se utilizaban trozos de papel, muchas veces reciclados de viejos periódicos, pero no era algo igual para todos, sino que cada cual libraba su propia batalla a la hora de ir al baño.

Parece ser que fue el norteamericano Joseph Gayetty el primero en comercializar en 1857 algo parecido a las actuales toallitas húmedas, consistentes en hojas de papel de manila humedecidas con un bálsamo de aloe vera, aunque realmente eran considerados como un producto farmacéutico más que como un sistema de higiene personal. Posteriormente, pocos años después, el británico Walter Alcock patentó un rollo de papel continuo que se podía cortar en pedazos más pequeños para su uso, pero que tampoco tuvo demasiado éxito, según dicen, por el reparo de la sociedad británica de la época a hablar en público de ciertos asuntos (por lo visto les daba reparo ir a una tienda a comprar papel higiénico, e incluso a los comerciantes publicitarlo en sus negocios).

Sin embargo, en 1879 dos hermanos norteamericanos, Edward Irvin y Clarence Scott (fundadores de la Scott Paper Company) presentan la patente definitiva, que fabrican en Filadelfia con la forma que actualmente usamos de rollo de papel, anunciando su invento como "1.000 hojas en cada rollo, suave y muy absorbente". Es esta patente la que se mantendrá hasta nuestros días con un increíble éxito comercial en todo el mundo. Gracias a estos dos hermanos y su invento se dejaron de usar trapos viejos y hojas de periódicos, que eran sucias y manchaban de tinta, aparte de producir, muchas veces, incómodas infecciones.

Como curiosidad, y para liar más aún la autoría de este invento, el norteamericano Seth Wheeler patenta en julio de 1871 un papel de envolver troquelado que permite ser cortado en tro-

Seth Wheeler.

Improvements Wrapping Paper.

117355

PATENTED JUL 25 1871

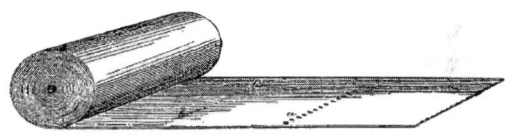

(No Model.)

S. WHEELER.
WRAPPING OR TOILET PAPER ROLL.

No. 459,516.

Patented Sept. 15, 1891.

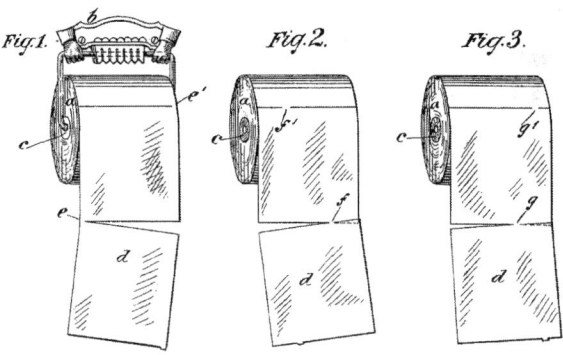

Patente de bobina de papel de envolver troquelado de Seth Wheeler de 1871 y su versión mejorada de rollo de papel higiénico de 1891, donde se aprecian los cuadrados troquelados y la forma correcta en que debe colgarse el rollo.

zos regulares sin necesidad de tijeras o guillotina. Posteriormente a la aparición de la patente de los hermanos Scott, Wheeler patenta una mejora a su sistema de papel higiénico en rollo, fabricando su propio papel higiénico con hojas troqueladas en forma de cuadrados, tal y como se comercializa actualmente.

Los hermanos Scott en su despacho de la Scott Paper Company en Filadelfia, Pensilvania, poco después de su fundación en 1874.

Como se puede ver, este invento no tiene un único padre, sino varios empresarios del mundo del papel que fueron perfeccionando su diseño hasta lograr satisfacer las necesidades de los consumidores.

Imaginarnos la vida sin este pequeño invento es, hoy en día, inconcebible para la mayoría de nosotros, y aún sigue estando en nuestras pesadillas el momento de ir a limpiarse y descubrir, con horror, que el rollo introducido en el portarrollos cromado de la pared del baño está vacío. Un ejemplo claro de cómo un invento modesto y extremadamente sencillo es capaz de cambiar el mundo.

LAVAVAJILLAS

Una de las tareas más aburridas que se pueden hacer en el hogar es lavar los platos. Esta monótona labor se ha puesto de ejemplo desde siempre como algo desagradable, casi como un castigo. Recordemos que es el recurso clásico de los restaurantes para hacer pagar la minuta a los comensales que, tras darse un buen festín, se niegan a pagar, bien porque no quieren, o bien porque no pueden y no tenían intención de hacerlo desde el principio. De cualquier manera, el hecho es que nuestro próximo invento ha supuesto una de las mayores revoluciones en cuanto a calidad de vida en todas las cocinas del mundo. Por supuesto, nos estamos refiriendo al lavavajillas, ese electrodoméstico que no puede faltar en ninguna casa o restaurante, y que cuando se estropea nos provoca tantos quebraderos de cabeza.

Aunque el problema de automatizar la limpieza de las vajillas sucias ya tenía cierto interés, no fue hasta el siglo XIX cuando se terminó de crear este preciado electrodoméstico.

En el año 1850 Joel Houghton, un inventor norteamericano nacido en Vermont, diseñó un artilugio para facilitar la vida a la gente, y que, según él, permitiría automatizar la limpieza de la vajilla de mesa, ahorrando muchísimo tiempo y esfuerzo en hogares y locales de hostelería. Su invento consistía en una caja en cuyo interior había unas paletas accionadas desde fuera por una manivela que salpicaban el agua del interior, remojando y limpiando ligeramente los cubiertos, tazas, vasos y platos que se introducían en ella. Dado que este sistema era demasiado simple y que no terminaba de limpiar bien, nunca llegó a comercializarse, y quedó en un cajón de la oficina de patentes. Posteriormente, en los años 60 de ese mismo siglo, L. A. Alexander mejoró ligeramente la patente de Houghton, diseñando una especie de noria que giraba sumergida en una cuba de agua, pero no mejoró demasiado la eficacia del invento.

La inventora del primer lavavajillas comercial y fundadora de la Cochran's Crescent Washing Machine Company, Josephine Garis Cochrane, en una fotografía de su juventud.

Pasados 30 años, Josephine Garis Cochrane, también norteamericana, retomó la idea de Houghton, ya que pensaba que ella podría mejorar el invento y hacerlo viable por fin, librando al mundo de interminables horas frotando platos.

Huérfana de madre, desde pequeña vivió rodeada de ingenieros, como su padre, ingeniero civil, y su abuelo materno John Fitch, constructor del *Perseverance,* el primer barco de vapor que navegó por Estados Unidos. De sus amigos de infancia destaca un ingeniero hidráulico, de nombre John, con el que, seguramente, habló sobre inventos, mecánica e ingeniería, y con el que debió adquirir la base teórica para desarrollar su versión de la "máquina friega platos". Tras terminar sus estudios básicos, se trasladó a Illinois con su hermana, y allí se casó con tan sólo 19 años con William Cochran, un hombre de negocios y político con el que vivía holgadamente.

Durante las fiestas y veladas que ofrecía su marido se generaban numerosos platos y cubiertos sucios, y algunos de éstos eran realmente valiosos, como las finas porcelanas chinas de los juegos de té y café, que tantas veces usaban. Con tanto uso y, sobre todo, con tanta manipulación al lavar estas delicadas piezas, era inevitable que algunas se rompieran y desportillaran, para disgusto del matrimonio, por lo que Josephine empezó a darle vueltas a una máquina que limpiase la vajilla sin tocarla, minimizando el riesgo de rotura, y, además, liberando al servicio de esa monótona tarea para que pudieran dedicarse a otra cosa.

Sin embargo, su marido falleció prematuramente, dejándola sola y con importantes deudas, lo que le supuso el espaldarazo definitivo para materializar su idea e intentar salir de su precaria situación.

Dicho y hecho. Dado que tenía una idea clara en la cabeza y había hablado en miles de ocasiones con mecánicos e ingenieros sobre sus respectivos trabajos, disponía de la base técnica suficiente para lanzarse a diseñar su propia máquina, así que comenzó por conseguir un recipiente adecuado para montar su aparato. En un gran tanque de cobre montó una serie de rejillas para acomodar platos, tazas, vasos, copas y cubiertos, y un sistema de palancas y engranajes para poder moverlos en su interior, a modo de noria. Al mismo tiempo que giraban, una serie de chorros de agua jabonosa caliente a presión (que fue la verdadera novedad con respecto a sus competidores), serían disparados al interior del tanque por varios orificios para ablandar y arrastrar la suciedad y restos de comida que pudieran tener, y finalmente, un aclarado de agua fría dejaría la vajilla perfectamente limpia. Una vez desalojada toda el agua del recipiente, el propio sistema de rejilla que soportaba los platos y demás elementos, serviría como escurridor, permitiendo que se secaran en pocos minutos gracias a un chorro de aire caliente, y todo ello

J. HOUGHTON.
TABLE FURNITURE CLEANING MACHINE.

No. 7,365.   Patented May 14, 1850.

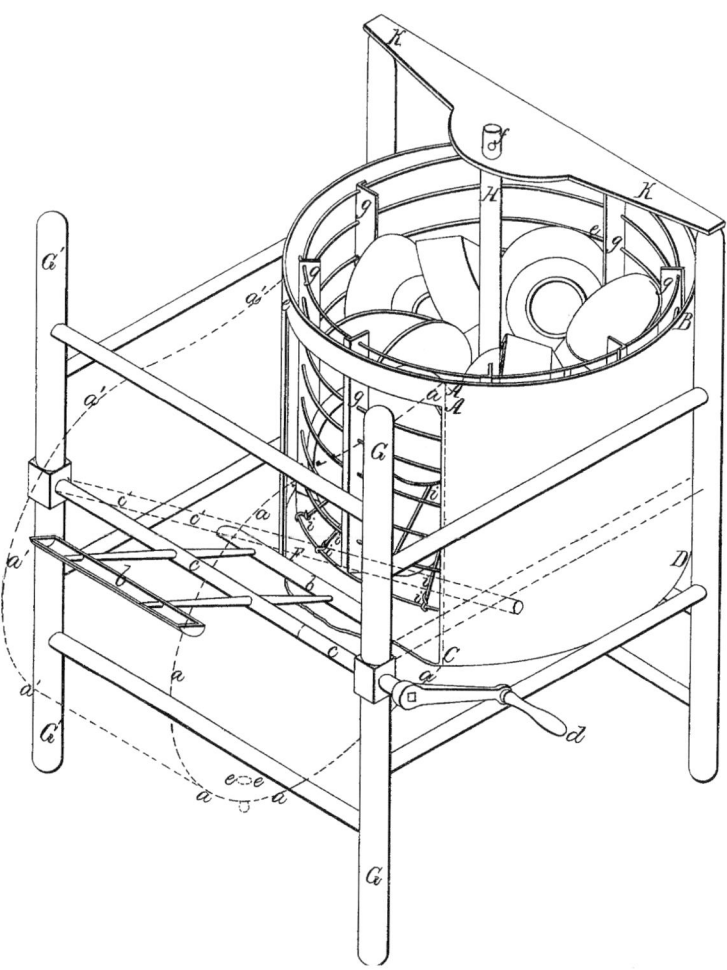

Diseño de 1850 perteneciente a la patente de Joel Houghton, donde ya esboza los principios de lo que será el futuro lavavajillas. Este sistema todavía presentaba muchas carencias y no llegó a fabricarse.

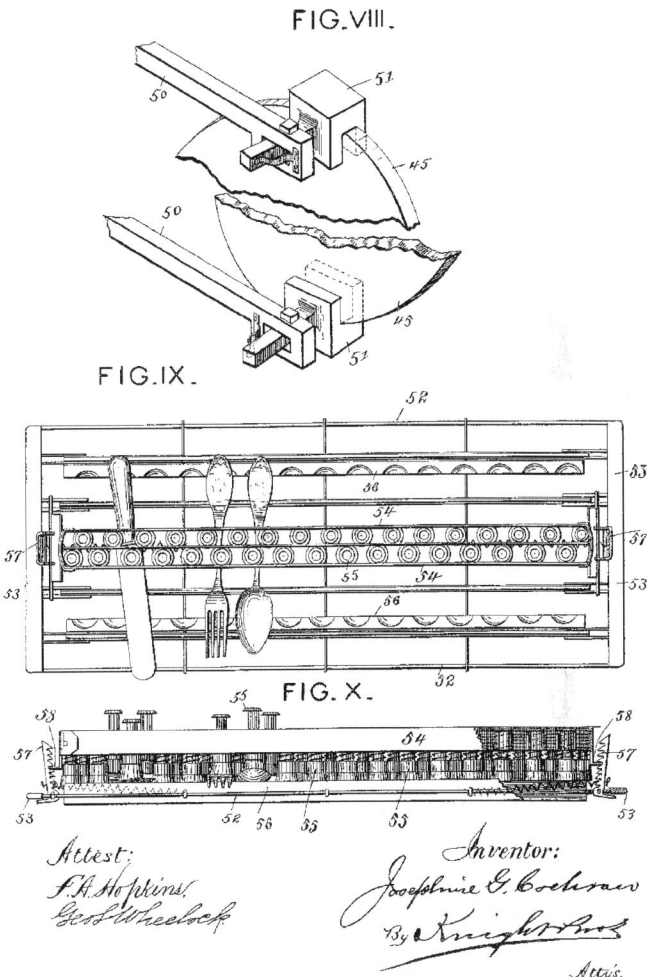

(No Model.)

8 Sheets—Sheet 5.

J. G. COCHRAN.
DISH WASHING MACHINE.

No. 355,139.   Patented Dec. 28, 1886.

FIG. VIII.

FIG. IX.

FIG. X.

Attest:
F. H. Hopkins
Geo. W. Wheelock

Inventor:
Josephine G. Cochran
By Knight Bros
Attys.

Patente del primer lavavajillas comercial plenamente funcional a favor
de Josephine Garis Cochran, con fecha 28 de diciembre de 1886,
donde se detalla el funcionamiento del aparato, sistema de rejilla para
colocar los cubiertos y platos, motobomba de agua caliente a presión y
secado por aire caliente.

sin que nadie pusiese un solo dedo sobre los platos. Junto con el ingeniero George Butters, perfeccionó el diseño en la cabaña que tenía detrás de su casa, a modo de improvisado taller, donde ensayaban formas diferentes de afrontar el problema de la limpieza de los platos.

De este modo, y una vez probado con éxito su flamante ingenio, nació el conocido como Lavavajillas Cochrane, con una "e" al final de su apellido, que la propia Josephine añadió tras enviudar. Se le concedió la patente US. 355139 con fecha 28 de diciembre de 1886, donde explicaba con todo detalle el funcionamiento de su lavavajillas.

Desde el primer momento acaparó el interés de numerosos establecimientos de restauración, que vieron el potencial de esta nueva máquina, pero fue en la Exposición Mundial Colombina de Chicago de 1893 donde realmente su patente destacó a nivel mundial, alzándose con el premio por «La mejor construcción mecánica, duradera y adaptada al ritmo de trabajo».

A partir de ahí, los pedidos y empresarios interesados no dejaron de crecer, motivando la fundación de la fábrica de Garis-Cochran, en 1897, y fabricando miles de máquinas, principalmente para el sector de la hostelería, ya que la mayoría de los hogares no disponían de agua caliente, necesaria para inyectar a presión sobre los platos.

Entre 1887 y 1909, Josephine fue mejorando el diseño de sus lavavajillas, presentando hasta 5 nuevas patentes, en las que optimizaba el consumo de agua y jabón, mecanismos de bombeo, canastas para proteger los platos y otras muchas relativas al diseño y consumos.

No sería hasta los años 50 del siglo XX que los lavavajillas se empezaran a ver de forma habitual en los hogares, mejorando su diseño, añadiendo motores y calentadores de agua eléctricos, pues el diseño original, pese a su gran originalidad, debía ser accionado a mano mediante una manivela.

De lo que no cabe duda es de que el lavavajillas es uno de esos inventos que, si no estuviesen inventados, habría que hacerlo, ya que facilita enormemente las tareas cotidianas de la cocina, ahorrando millones de horas de trabajo al año, mejorando la eficiencia en el uso del agua, e higienizando mucho mejor las vajillas que el lavado manual. Los que hemos vivido muchos años sin este práctico invento sabemos agradecer especialmente a Josephine Garis Cochrane que se decidiera a patentar su idea, así como a sus predecesores, pues pocas cosas fastidian más después de un opíparo banquete que tener que lavar todos los platos y cubiertos a mano.

BICICLETA ELÉCTRICA

L a movilidad siempre ha sido una obsesión de este mono sin pelo que es el ser humano. Gracias a ella se ha conseguido colonizar nuevas tierras, explorar continentes, cruzar océanos y descubrir partes del planeta que nos eran desconocidas, con todos los recursos que contienen y nuevas materias, plantas, animales y minerales que explotar. Desde las primeras peregrinaciones de la prehistoria, que se realizaban a pie, o, en el mejor de los casos, con la ayuda de bestias de carga, el ser humano siempre ha intentado ir más lejos, ideando medios de transporte que le hicieran avanzar más rápido, salvar obstáculos y conectar diferentes poblaciones en el menor tiempo posible. La revolución industrial, con sus máquinas de vapor, que se aplicaron a los ferrocarriles, fue el culmen de este extraordinario viaje, que comenzó mucho antes, con los carros tirados por animales y los barcos de vela. Sin embargo, la movilidad dentro de las crecientes ciudades, cada vez más grandes y populosas, y entre los pueblos cercanos motivó la creación de otros sistemas menos costosos y que pudieran transportar a una persona sin tener que juntar a varias para llenar un vagón. Estos sistemas unipersonales darían la libertad a los viajeros, que podrían desplazarse puerta a puerta desde cualquier punto sin tener que hacer colas y esperar a que las diligencias o trenes salieran. Con estos medios de transporte cada uno podría salir a la hora que quisiera, desplazarse donde le diera la gana e incluso cambiar de rumbo y destino sobre la marcha sin ningún problema.

Es así como nacen medios de transporte como la bicicleta. En origen este aparato, ideado en 1817 en Alemania por Karl Christian Ludwig Drais von Sauerbronn, era un bastidor de madera sin pedales, con dos ruedas y un sillín, muy parecido a los correpasillos o bicicletas sin pedales de los niños pequeños. Lo llamó la "máquina andante", y permitía desplazarse a grandes zancadas deslizándose a gran velocidad y sin perder el resuello. Posteriormente fue evolucionando, añadiéndose unos pedales a la rueda delantera (naciendo así el velocípedo de Michaux y Lallement en 1861) y, más adelante, una transmisión de cadena a la rueda trasera, convirtiéndose en una verdadera bicicleta.

Sin embargo, la propulsión de estos aparatos requería de esfuerzo físico, y no eran demasiado útiles para subir cuestas o llevar carga. Por esta razón, y gracias a la aparición de los nuevos motores de reducido tamaño, pronto se piensa en motorizar a las bicicletas. Así, en 1867 aparece la primera bicicleta a vapor, inventada por el francés Michaux-Perreax, aunque su pesado diseño la hacía poco práctica.

Modelo de 1817 de Karl Christian Ludwig Drais von Sauerbronn llamado "máquina andante" y posteriormente bautizado como *Draisiana,* en honor a su inventor.

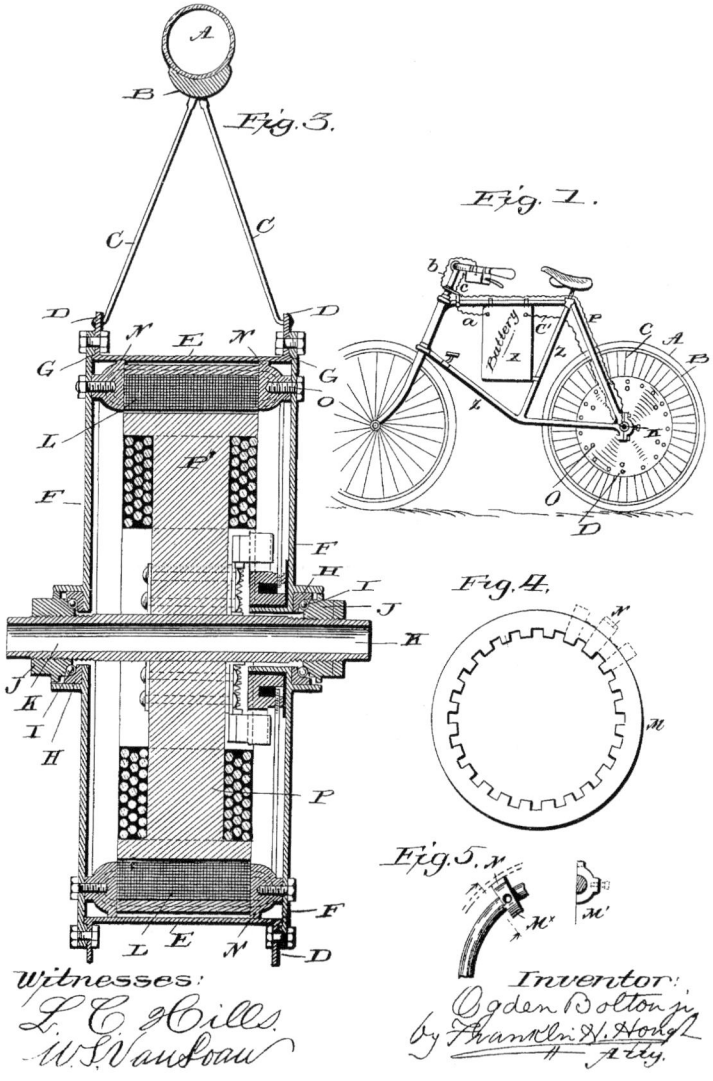

Patente concedida a Ogden Bolton Jr. en 1895 y considerada
como la primera bicicleta eléctrica.

El primero que presenta una patente de bicicleta eléctrica es el norteamericano Ogden Bolton Jr., en 1895. Esta bicicleta, de diseño muy similar a las actuales, contaba con un motor de corriente continua de 6 polos y 1.000 W de potencia ubicado sobre la rueda trasera. Una batería de 10 voltios montada dentro del cuadro alimentaba el motor y no tenía pedales. Rápidamente fueron copiando este sistema, debido a las grandes ventajas que tenía sobre los motores térmicos en pequeños medios de transporte, y tan sólo un año después, el británico Thomas Humber presenta en el Stanley Cycle show de 1896 un modelo de bicicleta eléctrica mejorado con una velocidad que alcanzaba los 60 Km/h.

Desde entonces las bicicletas eléctricas han tenido períodos de éxito y de olvido, pues el abaratamiento de los ciclomotores o la democratización de automóviles privados hicieron que la bicicleta a pedales fuera más utilizada que la autopropulsada. Sin embargo, en los últimos años, hemos visto cómo resurgen de nuevo las bicicletas eléctricas, con ayudas al pedaleo, por lo que no son sólo autopropulsadas, y que permiten hacer deporte y desplazarse de forma cómoda y sin demasiado esfuerzo, entrando en juego el motor eléctrico sólo cuando el esfuerzo es muy grande. Gracias a las iniciativas de algunos ayuntamientos, en la actualidad hay capitales que disponen de un parque público de este tipo de bicicletas, que prometen una forma de transporte sostenible y ecológica en nuestras grandes urbes.

CLIP

Este curioso alambre doblado que sirve para unir temporalmente hojas de papel tiene sus orígenes en el mundo textil. Era habitual juntar telas con alfileres, como se sigue haciendo hoy en día, pero en tejidos delicados como la seda u otros muy finos, los alfileres dejaban marcas y podían llegar a rasgar y dañar las telas. Fue en 1867 cuando Samuel B. Fay diseña en Estados Unidos un sistema muy parecido al de los clips bajo la patente US64088A, en la que se presenta su sistema de sujeción de etiquetas sobre telas mediante pequeñas piezas de alambre sin tener que perforarlas. Posteriormente, hacia 1877 aparecen nuevos sistemas, esta vez, ya diseñados para juntar hojas de papel, como el del también norteamericano Erlman J. Wright, o los más famosos, los del noruego Johan Vaaler, que en 1899 presenta varias patentes de clips de diferentes formas, y tienen una curiosa história patriótica.

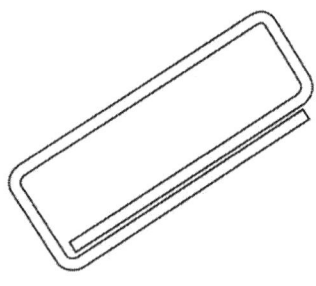

Johan Vaaler, inventor noruego del clip y su diseño de 1899, de forma rectangular y que permitía unir temporalmente varias hojas de papel.

Durante la Segunda Guerra Mundial, con la ocupación nazi de Noruega, estaba prohibido ostentar el emblema del rey Haakon VII, exiliado tras la invasión. Como elemento de cohesión y rebeldía, los miembros de la resistencia frente a los alemanes decidieron colocarse en la ropa un clip para reconocerse, un elemento de invención local que representaba el orgullo patrio sin despertar sospechas. Hoy en día, se sigue tomando a Johan Vaaler como el artífice del clip, y en Noruega se le tiene como tal, existiendo incluso una escultura de un clip gigante de siete metros de altura en Sandvika para celebrarlo y recordarlo.

Sin embargo, y aunque parezca mentira, hoy por hoy no sabemos quién fue el artífice del diseño actual, con bordes redondeados y pestaña que usamos en las oficinas. Aparece en la patente de la máquina de fabricar clips de William Middlebrook de 1899 pero, incluso en los múltiples diseños de Vaaler, no aparece este diseño en concreto. Unos años antes ya se puede ver en un anuncio publicitario del número de septiembre de 1893 de la revista *The American Lawyer*. Es posible que no se llegase a patentar, y que simplemente sea una evolución para facilitar el sistema de fabricación. Sea como fuere, debemos reconocer que este pequeño trozo de alambre doblado nos facilita mucho la vida a la hora de organizar nuestro escritorio y de mantener los impresos juntos sin dañarlos.

Escultura de un clip gigante de 7 metros de altura erigida originariamente en 1989 en Sandvika, para rendir homenaje al inventor del clip Johan Vaaler.

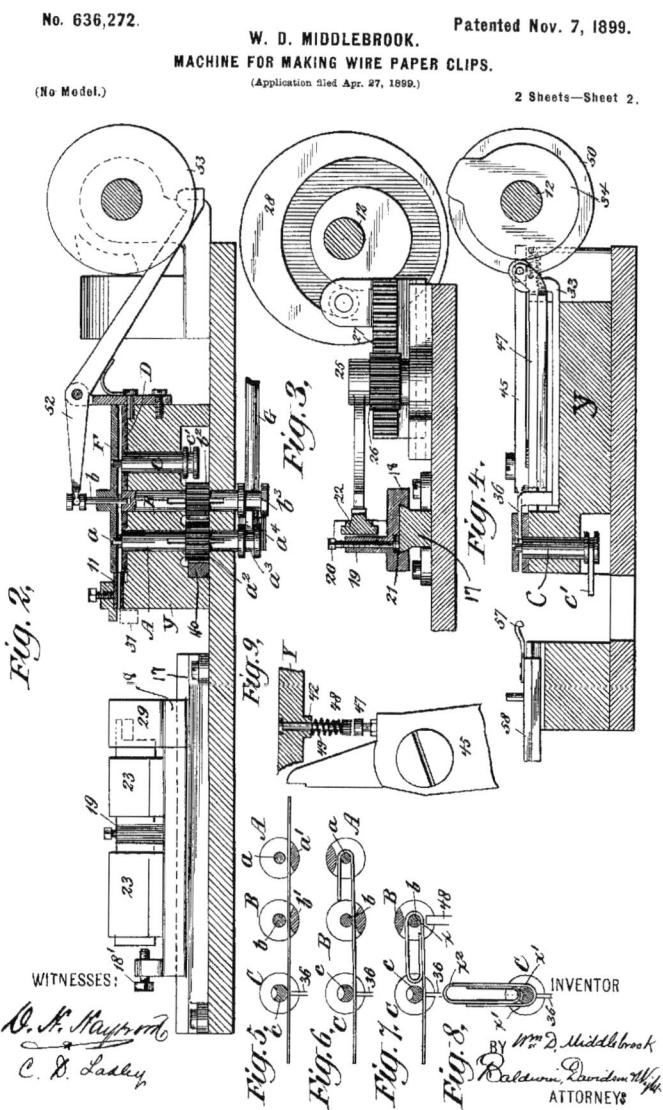

No. 636,272.

W. D. MIDDLEBROOK.

MACHINE FOR MAKING WIRE PAPER CLIPS.

(No Model.)

(Application filed Apr. 27, 1899.)

Patented Nov. 7, 1899.

2 Sheets—Sheet 2.

WITNESSES:

INVENTOR

BY Wm. D. Middlebrook

Baldwin, Davidson W.

ATTORNEYS

Patente de 1899 de máquina para fabricar clips, concedida a William Middlebrook donde aparece por primera vez el diseño redondeado actual de nuestros clips de oficina.

ASPIRADOR ELÉCTRICO

Posiblemente el mayor avance en limpieza doméstica haya sido la aspiradora, que es capaz de limpiar sin levantar polvo y logra recoger una cantidad de partículas infinitamente superior a la escoba y recogedor tradicionales. Hoy en día, gracias a los filtros avanzados, son capaces de aspirar y retener partículas diminutas de polvo, granos de polen e incluso algunas hasta virus. Actualmente es la opción más cómoda para limpiar habitaciones, y está extendida por todo el planeta. Sin embargo, y a pesar de parecernos algo muy moderno, a juzgar por nuestros actuales robots aspiradores inteligentes, que gracias a sus sensores y baterías avanzados limpian de forma casi autónoma nuestra casa, su invención tiene más de cien años.

Todo comenzó en Gran Bretaña, cuando un ingeniero escocés llamado Hubert Cecil Booth, que se dedicaba a obra civil, construyendo puentes, estructuras, y hasta norias para parques de atracciones, fue invitado por un amigo para que viera una novedosa forma que estaban probando para limpiar el polvo de los vagones de tren. En esta exhibición, Booth observó cómo aplicaban una manguera con aire a presión sobre suelos, baldas y asientos, levantando el polvo que salía disparado por puertas y ventanillas. Aquella forma de limpiar inspiró a este ingeniero a hacer una sustancial mejora. ¿Por qué en vez de soplar el polvo no lo succionaban? Sería mucho menos engorroso e infinita-

mente más eficaz e higiénico,
ya que se quitaría el polvo a
la vez que se podía recoger en
un recipiente. Cuando llegó
a su oficina empezó a probar
su idea colocando un pañue-
lo delante de un tubo por el
que succionó aire, observando
cómo el polvo de las superficies se quedaba pegado al pa-
ñuelo y facilitando su retirada.
Es así como en 1901 patenta el
primer modelo de máquina de
vacío para limpiar polvo. Los
primeros modelos los constru-
yó con motores de combus-
tión, que generaban humos y

Hubert Cecil Booth, ingeniero
escocés inventor en 1901 del primer
aparato de limpieza basado en la
aspiración por vacío.

mucho ruido, pero rápidamente los sustituyó por uno eléctrico
que, aunque también era de grandes dimensiones, no generaba
humos y era algo más silencioso. Los primeros usos que se dieron a estos "monstruos" fueron la limpieza de alfombras, para lo
cual se ofertaban los servicios como auténticas fiestas, ya que era
todo un espectáculo ver llegar una especie de carro de bomberos
del que salían varias mangueras, se introducían por puertas y
ventanas, y comenzaban a aspirar alfombras y sofás. Además, el
carro donde se alojaba el depósito tenía una ventanilla de cristal
que permitía a los transeúntes ver el polvo y suciedad que se iba
aspirando en el interior de los hogares, algo que encantaba a la
gente y aumentaba aún más su espectacularidad. Este primer
intento fue muy importante, ya que lograba limpiar no sólo el
polvo, sino también piojos, pulgas, huevos de insectos y demás
habitantes desagradables que habitaban en las casas de aquella

época, por lo que pronto se hizo muy popular, a pesar del alto coste que tenía este servicio. Llegaron a adquirir estas máquinas personajes tan célebres como el Zar Nicolás II, el Kaiser Guillermo II la cámara de los Comunes de Londres y algunos grandes y reconocidos comercios de la capital.

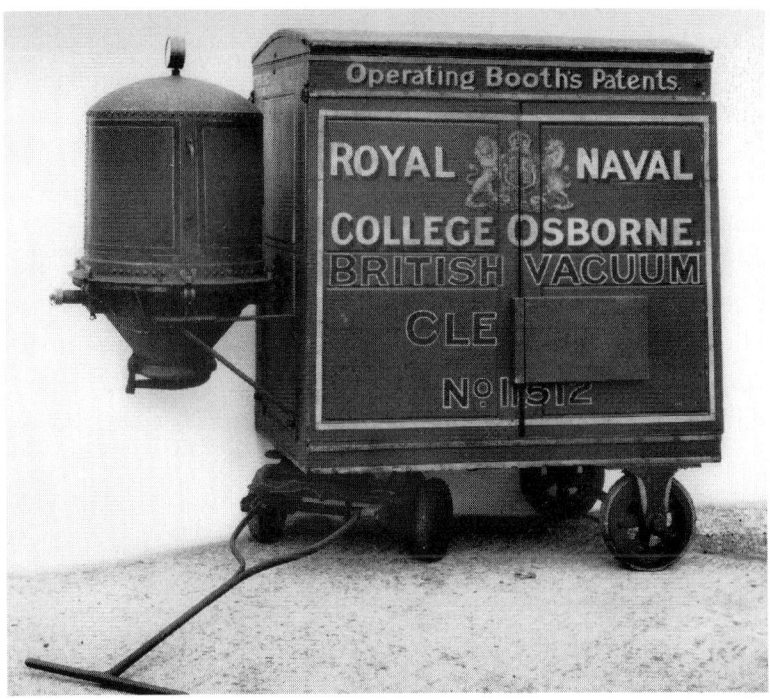

Aspiradora original de 1905 creada por Hubert Cecil Booth montada sobre una plataforma de ruedas que recordaba a los carros de los bomberos.

Posteriormente, en 1908, William H. Hoover, un industrial asmático estadounidense, compra la patente norteamericana de James Murray Spangler y presenta la aspiradora eléctrica portátil con motor de reducidas dimensiones que todos conocemos, con ruedas, filtro de aire, mango largo y cepillo, que se operaba dentro de las casas, no a través de mangueras que entraban por la ventana. Fue la primera aspiradora doméstica y comenzó a fabricarse en serie, sobre todo en los años 30 del siglo XX, aunque no llegó a imponerse de forma masiva debido al alto precio de las máquinas. Sin embargo, tras la Segunda Guerra Mundial, Norteamérica vivió un gran desarrollo económico, ya que habían ganado la guerra y no la habían sufrido en su territorio, por lo que sus factorías, hasta hace poco dedicadas a fabricar armas y municiones, pronto se reconvirtieron y comenzaron a producir todo tipo de aparatos y electrodomésticos de forma enloquecida, entre ellos las aspiradoras, que se popularizaron entre las sonrientes amas de casa de los años 50.

Desde entonces ya no ha decaído su uso, incrementándose progresivamente hasta hacer de este estrambótico invento un aliado imprescindible en el arsenal de aparatos de limpieza de nuestras casas. Como curiosidad, no es hasta el año 1996 cuando aparecen los robots aspiradores, gracias a Sir James Dyson, el ingeniero británico que creó las aspiradoras sin bolsa gracias a la tecnología de separación ciclónica dual. Además, inventó la "cuchilla de aire", o secadores de manos por chorro de aire y los motores eléctricos de alto rendimiento a batería de los aspiradores actuales más avanzados.

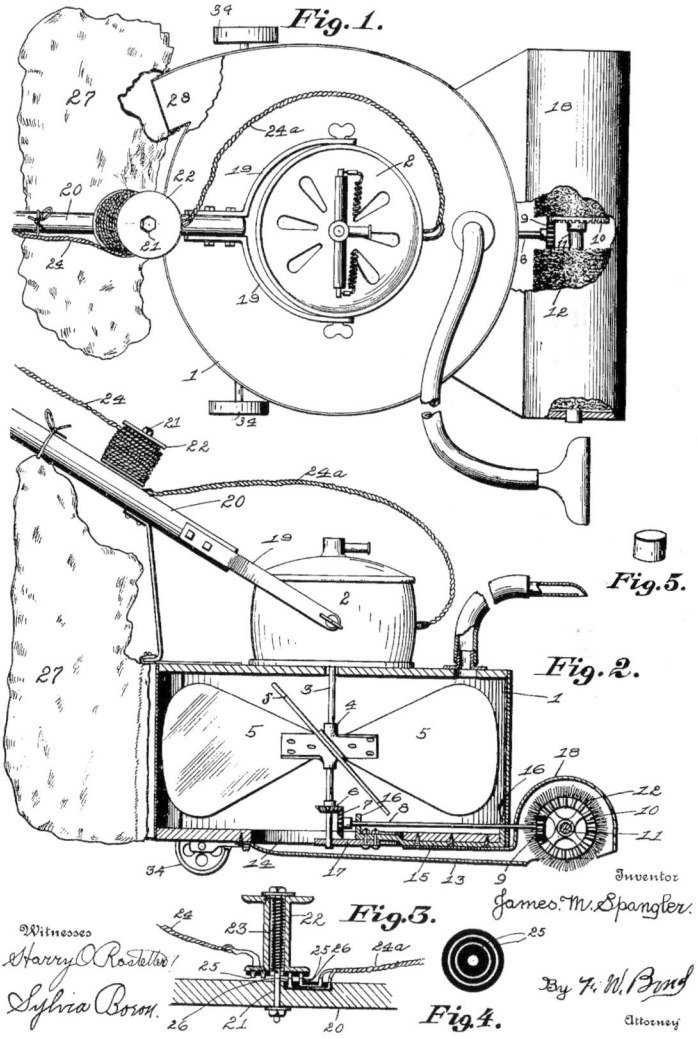

No. 889,823.

PATENTED JUNE 2, 1908.

J. M. SPANGLER.
CARPET SWEEPER AND CLEANER.
APPLICATION FILED SEPT. 14, 1907.

Detalle de la patente norteamericana de 1908 concedida a James Murray
Spangler para su aspirador de alfombras y limpiador por vacío portátil.

BOLSITAS DE TÉ

Una de las bebidas más consumidas del mundo es el té. También es de las que más rituales lleva en su preparación, ya desde hace miles de años en el lejano oriente. Son famosas las ceremonias del té de China o Japón, donde la preparación de este bebedizo se transforma casi en una ceremonia religiosa, midiendo cada paso, cada proceso y cada movimiento con precisión milimétrica y un profundo respeto. No en vano, estas ceremonias son un recuerdo, una tradición, que se lleva realizando generación tras generación como un importante legado familiar y de protocolo. No es extraño en países orientales, africanos y anglosajones, ver importantes reuniones diplomáticas y de estado presididas por un bonito juego de té, del que los participantes beben, casi de forma automática, durante las más altas reuniones.

Todo este proceso, sagrado y laborioso, se fue relajando a medida que el té empezó a beberse en otros lugares de forma menos seria que en sus países de origen. En el fondo, era como una bebida caliente más, como el café o el chocolate. Es así como se extiende a nivel mundial y se empieza a pensar en una forma de prepararlo cada vez más cómoda y eficiente, apareciendo los filtros metálicos primero, como unos coladores y, posteriormente, las actuales e imprescindibles bolsitas de té.

Aunque siempre es difícil saber quién fue el primero que decidió embolsar el té, la primera patente que tenemos pertenece a las norteamericanas Roberta Lawson y Mary McLaren, activista y artista respectivamente, que notaron cómo la forma en que se elaboraba esta bebida se podía mejorar. En aquellos tiempos las hojas de té se infusionaban dentro de la tetera, para posteriormente servirse filtrando el líquido resultante en las tazas. Esto hacía que el proceso de infusión continuase hasta terminase el agua, produciendo un amargor, especialmente en las últimas tazas que se servían, y que no era muy agradable. Por este motivo, decidieron introducir las hojas de té en unas bolsitas de algodón cosidas que se infusionaban en agua hirviendo. En el momento deseado, se podían retirar fácilmente dejando el té limpio y sin apenas posos, además de evitar el amargor por permanecer demasiado tiempo las hojas sumergidas en el agua.

La activista norteamericana de origen nativo americano Roberta Campbell Lawson y la actriz Mary McLaren, la extraña pareja que patentó en 1903 el primer diseño de bolista para el té.

Este invento funcionó tan bien, que en el año 1903 patentan su invento en la oficina de patentes de Estados Unidos. Sin embargo, sus bolsitas de té no tuvieron demasiado éxito comercial, dado que sus conocimientos en producción y márketing eran escasos. Este detalle fue el que aprovechó el importador de té Thomas O'Sullivan para presentar él mismo en 1908 su sistema de bolsitas de té de gasa. Thomas contaba que descubrió esto por casualidad. Como era importador de té, una de sus acciones hacia los clientes era man-

Thomas O'Sullivan, empresario e importador de té responsable de la patente de 1908 para las bolsitas de té que tuvieron un verdadero éxito comercial en los Estados Unidos.

darles muestras en pequeñas bolsitas de seda, con la intención de que probasen su producto antes de decidirse a comprar una u otra variedad de té. Sin embargo, descubrió sorprendido que los clientes introducían directamente las bolsitas en el agua hirviendo, pues les resultaba muy cómodo y limpio este sistema, en vez de abrirlas para infusionar su contenido, tal y como Thomas esperaba que hicieran. Al enterarse, en 1908 decidió patentar el formato de bolsitas, primero de seda, pero debido a su alto coste, luego las elaboraba con gasa, mucho más baratas de producir. Esta nueva patente fue la que finalmente se impuso en Estados

Unidos, ya que el hecho de que el inventor fuera, además, importador de té, le abrió todas las puertas y consiguió un éxito comercial.

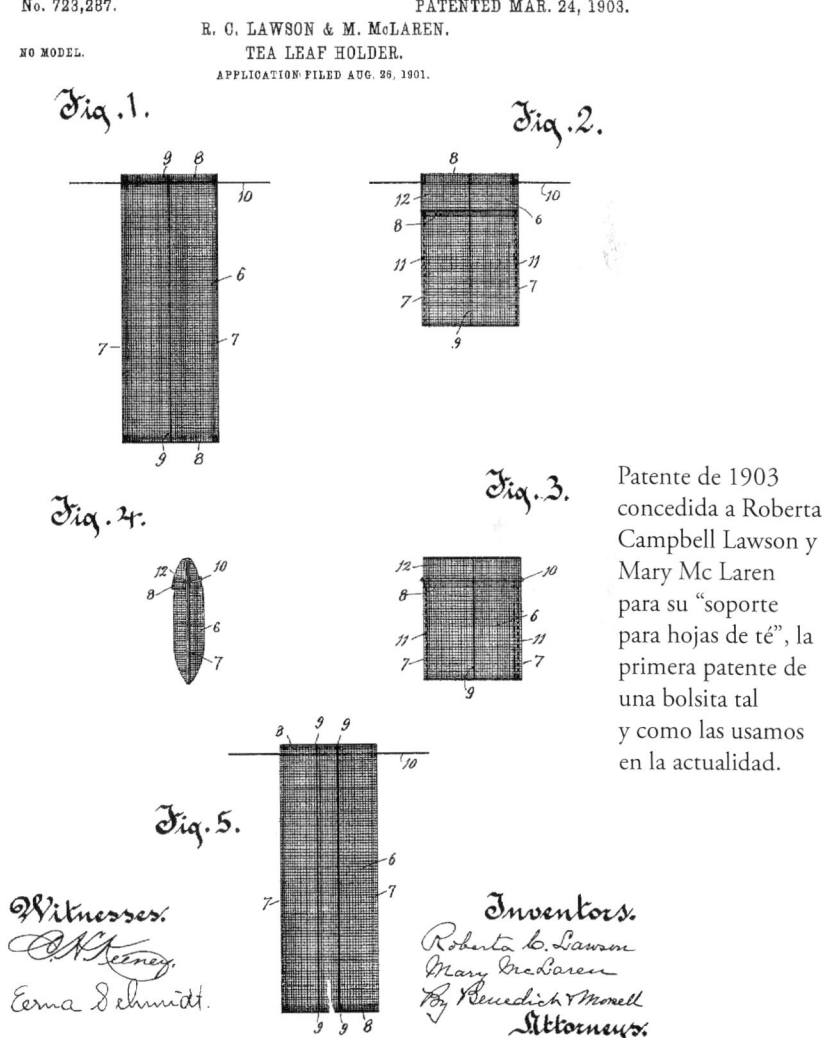

No. 723,287.

NO MODEL.

R. C. LAWSON & M. McLAREN.

TEA LEAF HOLDER.

APPLICATION FILED AUG. 26, 1901.

PATENTED MAR. 24, 1903.

Fig. 1.

Fig. 2.

Fig. 4.

Fig. 3.

Fig. 5.

Witnesses.

Inventors.
Roberta C. Lawson
Mary McLaren
By Benedict & Morell
Attorneys.

Patente de 1903 concedida a Roberta Campbell Lawson y Mary Mc Laren para su "soporte para hojas de té", la primera patente de una bolsita tal y como las usamos en la actualidad.

Años más tarde, en 1910, se le añade una cuerdecita para evitar quemaduras al sacar la bolsita de la taza y en 1930, se sustituye la gasa por fibra de papel sellada mediante calor.

Si Thomas O'Sullivan conocía o no la patente de Roberta Lawson y Mary McLaren es incierto, aunque resulta difícil pensar que no, dado que ellas realizaron su patente unos pocos años antes y además en el mismo país, por lo que hay quien piensa que los contactos y el poder que tenía el importador de té le allanaron el camino para que nadie le impidiera llevarse el gato al agua (o, mejor dicho, la bolsita de té al agua).

LIMPIAPARABRISAS

Desde la aparición del automóvil a principios del siglo XX, un problema bastante molesto era la merma en la visibilidad a través del parabrisas frontal de los vehículos en los días de lluvia. Los primeros automóviles eran básicamente una evolución del carro tirado por animales, por lo que no tenían cristal de protección. Tampoco les hacía falta, pues las velocidades a las que se desplazaban no lo hacían necesario. Pero al mejorar los diseños y motores de estos primitivos coches, se hizo necesario modificar su forma y añadir un cristal de protección o "parabrisas" para protegerse del viento generado por la velocidad que adquirían, y de los insectos o pequeñas piedras que podían impactar contra los pasajeros. Es así como se empiezan a diseñar los primeros coches de la historia. Sin embargo, en cuanto empezaba a llover, la visibilidad del conductor se reducía de forma importante y podía llegar a provocar accidentes y muertes. Era necesario idear algún sistema para evitar este incómodo asunto. Fueron varios los intentos para solucionar este problema, pero no fue realmente el coche el inspirador de la solución, sino el tranvía.

En el año 1902, la norteamericana Mary Anderson estaba pasando unos días en Nueva York, y mientras viajaba en un tranvía un lluvioso día de invierno, observó cómo cada poco tiempo el tranvía se detenía, y el conductor se bajaba del vehículo para limpiar la luna frontal, pues el agua y el barro que salpicaban el cristal le impedían ver la calle. Era una situación muy molesta, tanto para el conductor, que tenía que mojarse cada poco tiempo para limpiar la luna, como para los pasajeros, que sufrían las numerosas pausas en el recorrido del medio de transporte retrasando notablemente el trayecto. Este incidente, lejos de ser anecdótico o de ser olvidado, se quedó en la cabeza de Mary, rondándole una y otra vez, y haciéndole que se preguntara cómo un problema tan sencillo podía ser tan molesto. Debía de haber algún modo de remediar tan incómoda situación.

Cuando regresó a Alabama contrató a un diseñador para que le dibujara, basándose en sus bocetos y su idea, un dispositivo de accionamiento manual para mantener el parabrisas limpio y consiguió que una compañía local fabricase un prototipo funcional de su idea. En menos de un año, Mary Anderson ya había diseñado, probado y patentado un primitivo sistema de limpieza de cristales eficaz, consistente en una cuchilla de caucho montada sobre un listón y accionada por una palanca desde el interior de cualquier vehículo que necesitase limpiar sus cristales. Se le concedió la patente por 17 años en 1903. Este sistema incorporaba un resorte que le hacía regresar a su posición inicial, por lo que era bastante cómodo de utilizar, a la par que efectivo y aunque es cierto que en ese momento

Mary Anderson, la inventora del limpiaparabrisas, se inspiró en los tranvías de la época para desarrollar y diseñar su sistema de limpieza de cristales de los vehículos.

ya había varios intentos y patentes para limpiaparabrisas, el de Mary era el que mejor funcionaba.

En 1904 mejora el diseño, y utiliza una varilla con una hoja de goma anclada en la parte superior central del cristal y un contrapeso que presiona la goma contra el vidrio. También utilizó resortes para que retornara a la posición inicial una vez barrido el vidrio mediante la palanca de acción dentro del vehículo, por lo que, a falta de un motor eléctrico, diseñó el mismo modelo que se utiliza actualmente como limpiaparabrisas. Las primeras pruebas fueron realizadas, como no podía ser de otra forma, en un tranvía, pues fue este medio de transporte el que inspiró su invento, y el resultado fue más que satisfactorio.

Sin embargo, se encontró con varios sectores, entre ellos el automotriz, que se oponían a su uso en los coches, argumentando que el movimiento de un objeto frente a ellos les distraería de la conducción y provocaría accidentes de tráfico. Llegó incluso a presentarlo a una empresa canadiense en 1905, que no mostró interés en fabricarlo al no ver interés comercial. Tal vez fuera esta una de las razones que hicieron que Mary abandonase sus intentos, y se centrase en sus otros negocios, como eran la gestión de un rancho, la viticultura o la promoción inmobiliaria, mucho más lucrativos.

El principal fabricante de automóviles norteamericano, Henry Ford, supo ver la utilidad de este nuevo invento, y empezó a utilizarlo al poco tiempo de conocerlo en sus vehículos Ford Modelo T. En 1908 ya lo incorporaban todos sus vehículos. Por desgracia fue a partir de 1920, caducada ya la patente, cuando se generaliza su uso y se incluye de serie en la mayoría de los vehículos, como son el caso de Ford y Cadillac, que lo incorpora de serie como equipamiento estándar a partir de 1922.

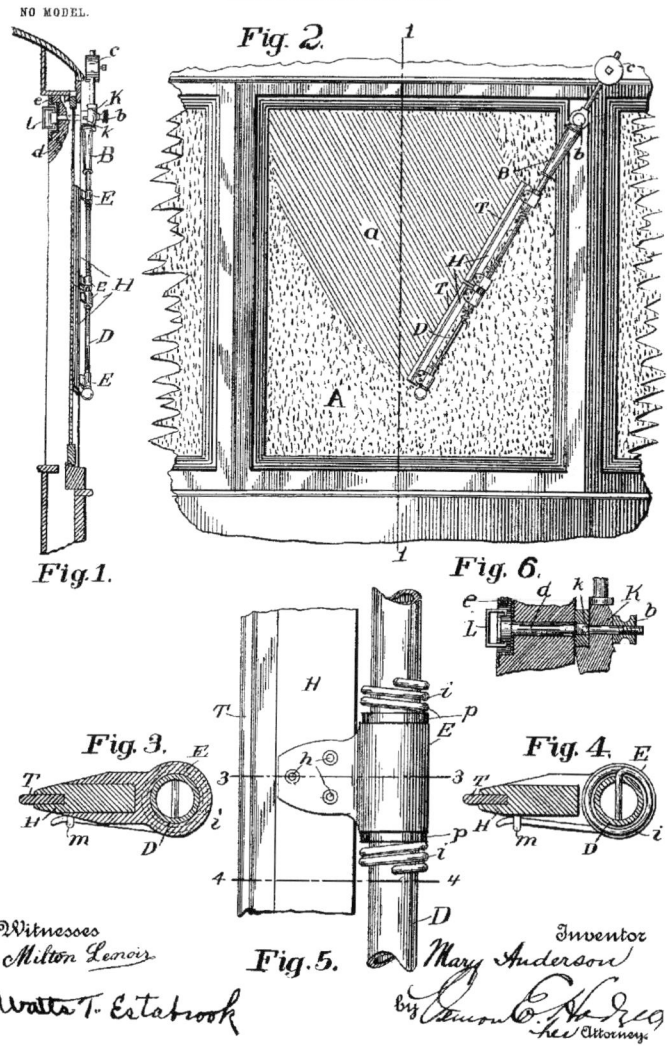

Patente del primer limpiaparabrisas funcional, concedida en 1903 a
Mary Anderson, y donde se describe el mecanismo y funcionamiento del
dispositivo, muy similar al que aún seguimos usando.

El nombre de esta mujer y la autoría del limpiaparabrisas permanecieron en el olvido hasta que en el año 1990 se redescubre la patente y la curiosa historia de esta empresaria y promotora inmobiliaria de Alabama, aunque habría que esperar hasta 2011 para que se le reconociera el mérito, tras su inclusión en el Salón de la Fama de Inventores Nacionales de Estados Unidos. Mary no obtuvo beneficios económicos por su invento ni tampoco reconocimiento, pero gracias a ella hoy en día podemos conducir nuestros coches con seguridad incluso en los días de lluvia. Y no sólo coches, ya que los limpiaparabrisas se utilizan también en barcos, aviones, trenes, autobuses, tranvías... No podemos calcular el número de vidas que este ingenioso dispositivo ha salvado, pero seguramente sean muchas, así que todos tenemos una deuda con esta mujer de Alabama que en su estancia en Nueva York y subida a un tranvía tuvo una gran idea.

FILTRO DE CAFÉ

Uno de los mayores placeres de la vida es sentarse tranquilamente en una terraza, o en un sofá y disfrutar de una buena taza de café. El aroma de esta bebida es inigualable y reconforta a quien la bebe al instante. Lo podemos tomar de muchas formas, ya sea solo, con leche, cortado, descafeinado, irlandés, con hielo, con chocolate, con canela... y de todas estas formas está delicioso. Sin embargo, estamos acostumbrados a tomarlo filtrado, cuando no siempre se tomó así. En ciertos países, como Turquía, aún se toma sin filtrar, es decir, se cuece el café molido con agua en un cazo, se sirve en una taza y se deja reposar para que los posos se asienten y podamos tomarlo. Es la forma tradicional, y aunque pronto empezaron a colarlo para evitar el amargor y textura de los posos en la bebida, hubo que esperar hasta el siglo XX para que alguien inventase una forma de filtrar esta aromática bebida.

Melitta Bentz, el ama de casa alemana amante del café que consiguió separar los posos sin alterar el sabor y las propiedades del café a principios del S. XX.

En 1908, Amalie Auguste Melitta Bentz, un ama de casa alemana y amante del café, decidió que no quería seguir teniendo que decantar su bebida favorita antes de poder tomarla. En aquella época ya había formas de filtrar el café, como los prefiltros metálicos y las bolsitas de lino, pero no filtraban correctamente, sobrecocían el café, dándole un sabor a quemado muy desagradable, y, para colmo, eran difíciles de limpiar. Melita creía que debía haber una forma más efectiva de filtrar los posos sin alterar el sabor del café, y se puso manos a la obra para conseguir su propósito.

Tras varios intentos, utilizó un viejo cazo, que perforó a modo de colador con un pequeño clavo, y en su interior colocó un embudo que fabricó con un trozo de papel secante que su hijo Willi utilizaba en la escuela para secar la tinta tras escribir en su cuaderno y evitar mancharse al pasar de página. Este sistema permitía recoger el café recién hecho y separar eficazmente los posos del líquido, que rápidamente quedaba depurado y listo para tomar, sin necesidad de esperar a que se decantara, y mejorando notablemente el sabor de la bebida. Inmediatamente notó cómo el café resultante sabía mejor, era mucho más suave, igual de aromático y sin los desagradables posos que arruinaban y amargaban su mejor momento del día.

El 20 de junio de 1908 recibe la patente de su ingenioso invento, y en diciembre de ese mismo año comienza a comercializar bajo la marca M. Bentz los primeros embudos con filtro para café. Presentó su invento en la feria de Leipzig de 1909, vendiendo 1.200 unidades sólo en ese evento, y creando una gran demanda entre los amantes del café. Desde ese momento recibió múltiples reconocimientos y galardones, y empleó a varios trabajadores, incluidos sus hijos y su marido. Pero el estallido de la Primera Guerra Mundial dio al traste con este negocio, ya que el metal con el que fabricada sus embudos fue requisado y además se racionó el café, pasando a ser un artículo de lujo que apenas se podía consumir. Las importaciones se interrumpieron debido al embargo británico.

Durante estos años Melitta tuvo que reinventarse, y sobrevivió desempeñando diversos trabajos para sacar adelante a sus hijos, ya que su marido fue alistado a la fuerza en el ejército.

Por suerte, tras terminar la guerra, el café volvió a llegar a Alemania, y Melitta pudo retomar su negocio, esta vez con más éxito incluso que antes del conflicto, y en 1928, debido a la alta demanda de sus filtros, tuvo que aumentar su plantilla, doblar turnos de los trabajadores y abrir una nueva fábrica en Minden, Westfalia Oriental.

Además creó un sistema, el llamado sistema Bentz, una especie de seguridad social que cubría a sus trabajadores (que, por cierto tenían unas muy buenas condiciones de trabajo) en caso de accidentes y ayudaba en su jubilación. La semana laboral se limitaba a 5 días (algo inusual en aquel momento), el número de días de vacaciones por año se amplió de 6 a 15, y la empresa también comenzó a pagar bonificaciones navideñas. Toda una adelantada a los derechos de los trabajadores.

La Segunda Guerra Mundial volvió a paralizar su negocio, pero al terminar, el músculo empresarial y económico que había creado le permitieron retomar su empresa y sobrevivir hasta nuestros días, con un gran éxito y bajo la marca Grupo Melitta KG, que da trabajo a miles de empleados. Melitta Benz falleció en 1950, dejando a sus hijos un legado valorado en casi 5 millones de marcos alemanes y una empresa floreciente.

DEUTSCHES REICH

AUSGEGEBEN AM
3. DEZEMBER 1937

REICHSPATENTAMT

PATENTSCHRIFT

№ 653796

KLASSE 341 GRUPPE 7 04

V 32239 X/34l

Tag der Bekanntmachung über die Erteilung des Patents: 18. November 1937

Melitta-Werke Akt.-Ges. in Minden, Westf.

Filterpapiereinsatz für Kaffeeaufbrühfilter u. dgl.

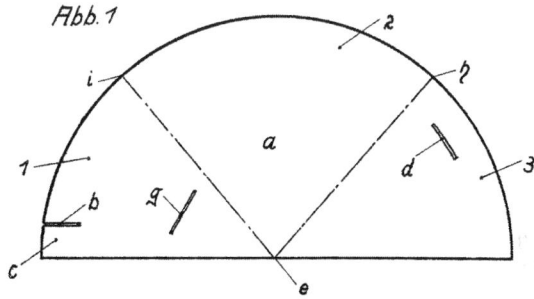

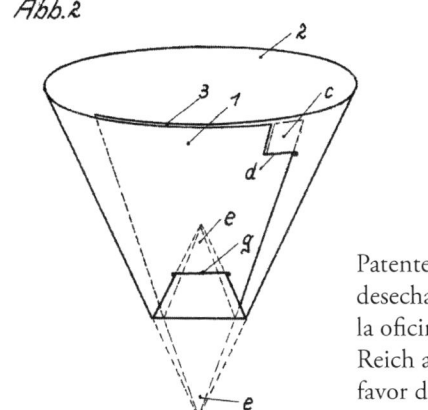

Patente de filtro de café desechable emitida por la oficina de patentes del Reich alemán en 1937 a favor de Melitta Bentz.

PATINETE

En los últimos años hemos visto cómo ha ido cambiando la movilidad urbana. Si hasta no hace mucho tiempo lo más moderno era desplazarse entre los coches con una bicicleta a modo de ciclista urbano, hoy podemos decir que los patinetes autopropulsados son los dueños de nuestras calles. Estos pequeños medios de transporte se han popularizado, sobre todo en las grandes ciudades, debido a lo versátiles que son, por la comodidad y agilidad que ofrecen y por su coste, mucho más económico que una motocicleta o un coche. Actualmente, gracias a la evolución de las baterías eléctricas, se ha logrado que tengan una gran autonomía y que no emitan gases a la atmósfera, por lo que son muy apreciados como transporte urbano personal sostenible. Además, sus reducidas dimensiones hacen que puedan guardarse en casa, sin tener que preocuparse de buscar aparcamiento en la calle o de disponer de una plaza de garaje. Parece el no va más de nuestros tiempos, y un avance sin precedentes, pero en realidad no es así.

Desde finales del siglo XIX se empezaron a estudiar nuevos métodos de locomoción, sobre todo los personales, como automóviles bicicletas a motor o... patinetes. Sí, los patinetes fueron una idea que lleva más de un siglo rondando por la cabeza de los ingenieros e inventores de todo el mundo. Aunque es complicado saber quién fue el inventor de este medio de transporte, ya que patinetes sin motor existen desde hace muchísimo tiempo, la idea de que fuesen autopropulsados surge de la aparición de pequeños motores de alto rendimiento, tanto térmicos como eléctricos. Es curioso, pero los primeros patinetes fueron eléctricos, aunque no llegaron a tener demasiado éxito, ya que era algo caro y exótico que no se producía en masa. Se estuvieron probando, con más o menos suerte, desde 1850, gozando de cierta popularidad en la primera década de 1900.

Sin embargo, y como hay que poner un nombre al inventor, la primera patente de patinete autopropulsado se la debemos al norteamericano Arthur Hugo Cecil Gibson, que junto a Joseph Merkel, desarrolló su invento desde 1913 hasta que obtiene la patente en 1916. Este patinete se componía de una plataforma donde se subía el conductor, dos ruedas con neumáticos de 10 pulgadas, luces, bocina, caja de herramientas, y un motor de combustión interna de cuatro tiempos y 155 centímetros cúbicos que se refrigeraba por aire y lograba que el vehículo llegara hasta unos 40 kilómetros por hora, toda una barbaridad. El manillar se podía plegar, reduciendo sus dimensiones para poder guardarlo, y el peso total rondaba los 40 Kg.

Este modelo, fabricado bajo la marca Autoped entre 1915 y 1922, gozó de gran popularidad y prometía revolucionar los viajes cortos, los desplazamientos al trabajo, la vida de los médicos, los estudiantes, "los tenderos, los farmacéuticos y otros comerciantes", "los coleccionistas, los reparadores, los mensajeros" y "cualquier otra persona que quiera ahorrar dinero, tiempo y energía en sus desplazamientos". Fue muy utilizado por mujeres, llegándose a asociar el uso del patinete con ideas liberales, y siendo un símbolo entre las sufragistas, que lo lucían como símbolo de libertad y emancipación del marido.

Su uso fue alternándose con épocas en que no se utilizó apenas, como en los inicios de la Segunda Guerra Mundial, donde la escasez de combustible frenó su uso, aunque no desapareció del todo. La aparición de los scooters, con sillín, dos plazas, mayor autonomía y prestaciones, hicieron que se olvidaran durante un tiempo, hasta que no hace mucho han vuelto a resurgir y poblar nuestras calles, casi invadiéndolas y pillando por sorpresa a nuestros dirigentes, que no saben muy bien cómo legislar su uso y evitar los atropellos que se producen ocasionalmente.

Arthur Hugo Cecil Gibson montado en uno de sus Autoped en 1916. Este modelo montaba un pequeño motor de combustión de 115 cc en la rueda delantera y alcanzaba los 40 Km/h.

Este es uno de esos ejemplos que sorprenden a nuestros jóvenes, que no suelen saber que muchas de las cosas que ellos creen que son muy modernas y que no existían antes fueron usadas por sus abuelos o incluso bisabuelos antes que ellos.

La famosa fotografía de Lady Norman (Florence Priscilla McLaren, antes de casarse), sufragista británica inmortalizada sobre su patinete Autoped de camino al trabajo en 1916. Esta fotografía se ha usado en múltiples ocasiones como símbolo de libertad, independencia e inconformismo.

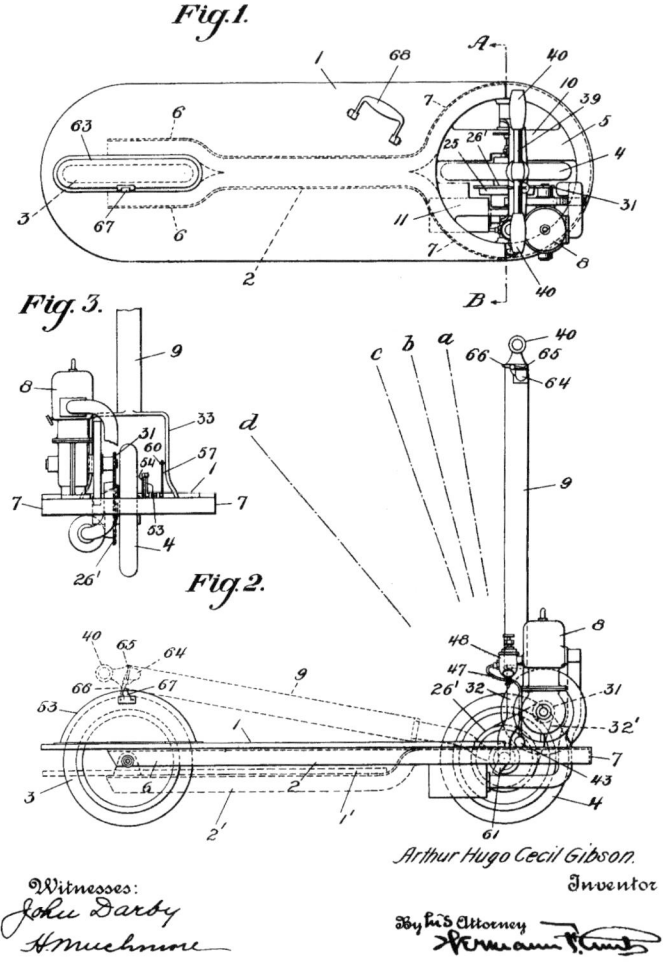

A. H. C. GIBSON.
SELF PROPELLED VEHICLE.
APPLICATION FILED JULY 26, 1913. RENEWED SEPT. 28, 1915.

1,192,514.

Patented July 25, 1916.
2 SHEETS—SHEET 1.

Fig.1.

Fig. 3.

Fig. 2.

Arthur Hugo Cecil Gibson.
Inventor

Witnesses:
John Darby
H. Muchmore

By his Attorney
Hermann Phunt

Patente de Gibson de 1916 de patinete autopropulsado, donde se
aprecia el gran parecido con los modelos eléctricos actuales.

CREMALLERA

Si hay un invento que ha revolucionado la forma de vestirnos este ha sido la cremallera. Un sistema que, de forma sencilla y con un ligero movimiento de la mano, es capaz de abrir o cerrar una prenda a voluntad. Abrigos, botas altas, sudaderas, falda o braguetas, han facilitado mucho su uso gracias a este peculiar invento. Tal vez no nos demos cuenta de cuánto las necesitamos hasta que se nos rompe una, ese fatídico momento en que se traba y ya no cierra, haciéndonos soltar algún que otro improperio. Las cremalleras han sustituido exitosamente a otros sistemas como botones, presillas o automáticos, facilitando la apertura y cierre de forma notable y creando nuevas prendas que antes hubiesen sido muy difíciles de poner sin este accesorio.

Parece ser que la primera patente de un sistema de cierre continuo la presenta Elias Howe en 1851, un norteamericano célebre por haber fabricado la máquina de coser funcional, basada en una patente previa de diseño inviable. Este maestro mecánico desarrolló diversos ingenios, entre los que estaba el sistema de cierre similar a las cremalleras actuales, aunque era más bien una automatización para cerrar prendas con ganchos, no un sistema de dientes alternados como lo conocemos ahora. Howe no lo comercializó de manera masiva dado que le interesaba más centrarse en su diseño de máquina de coser, mucho más lucrativo e importante. Por ello pasó sin pena ni gloria, con algunos intentos similares, hasta que el inventor de origen sueco Gideon Sundbäck recibe la patente en 1917 de un ingenio que le llevaba dando vueltas por la cabeza desde 1913, fecha en que presenta su "cierre sin ganchos", que bautizará en la patente como "sostenedor separable". Este es un modelo de cremallera ya plenamente funcional, que, basándose en los diseños previos de los ingenieros Elias Howe, Max Wolff y Whitcomb Judson, logra el éxito comercial y el reconocimiento pleno. Este modelo ya tiene un sistema de dientes fijados a cada una

Gideon Sundbäck, el inventor sueco responsable de la invención de las cremalleras, presentó su sistema de "sostenedor separable" en 1913, recibiendo la patente en 1917.

de las cintas de tela que se cosen en ambas partes de la prenda a cerrar, y que se cierra o abre a través de una pieza corredora que junta o abre los dientes. Presenta también una lengüeta que facilita el proceso y unos topes que evitan que la pieza móvil salga del recorrido al llegar a los extremos. Al principio sólo se utilizó para cierres de botas y bolsas de tabaco, teniendo que pasar veinte años para que la industria de la moda mostrase interés en el uso de la cremallera en las prendas de vestir.

Tras empezar a usarse en los años 20 y 30, sobre todo en pantalones, el ejército, que ve las ventajas de este sistema frente a los botones, decide implementarlo en sus uniformes de la marina, por la rapidez que ofrecían para desvestirse en caso de caer al agua, y facilitar la supervivencia de los marineros. Con el tiempo, la industria de la moda popularizaría este sistema de cierre en prendas infantiles y de adultos, haciéndolo imprescindible pocos años después y con una acogida espectacular.

Hoy en día lo utilizamos para múltiples aplicaciones, como ropa de vestir, cierres de maletas y bolsos, trajes espaciales (las hay impermeables) e incluso se trabaja en sistemas de cremalleras quirúrgicas que cierren heridas e incisiones en pacientes.

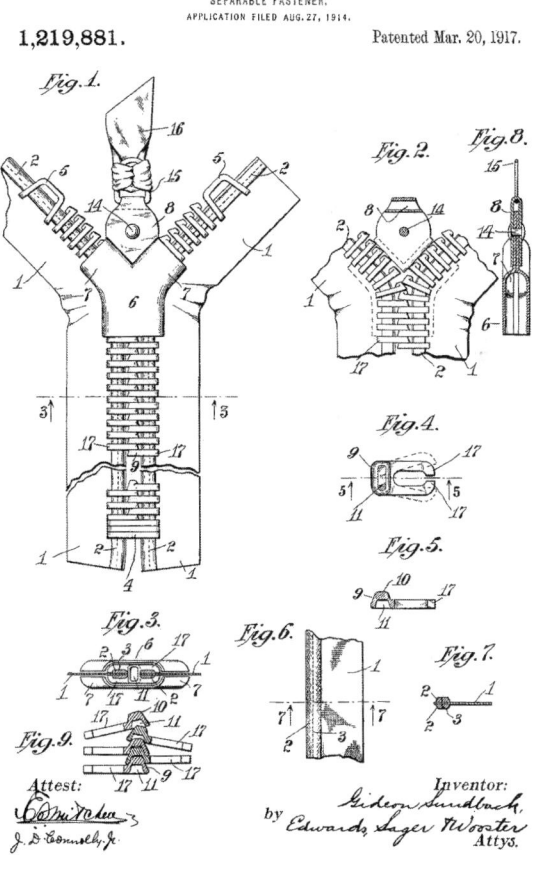

G. SUNDBACK.
SEPARABLE FASTENER.
APPLICATION FILED AUG. 27, 1914.

1,219,881.

Patented Mar. 20, 1917.

Patente concedida a Gideon Sundbäck en 1917 donde describe el actual diseño de cremallera plenamente funcional. Aunque es el mismo diseño que usamos en nuestra ropa, en sus inicios sólo se empleó para cierres de botas y bolsas de tabaco, hasta que la industria de la moda se fijó en él, casi 20 años después.

99

TELEVISIÓN

La televisión es, sin duda, uno de esos inventos que suponen un antes y un después en las comunicaciones y el entretenimiento. Antes de su aparición la información y el ocio nos llegaban por libros, periódicos y, como gran innovación, por la radio. Noticias, música, radionovelas, todo esto lo podíamos recibir tanto en papel impreso como a través de las ondas. A muchos mayores les recordará a los tiempos de su infancia, ya que en nuestro país la televisión no llegó a las zonas rurales hasta no hace demasiados años (años 1950-60), y cuando llegó, estaba en establecimientos como los teleclubes o algún bar con suficiente clientela como para invertir en uno de esos novedosos aparatos. Poco a poco, esas cajas luminosas en las que aparecía gente en blanco y negro pasó de ser una curiosidad a un elemento de consumo, y a medida que aumentaba el poder adquisitivo de las familias, una de las cosas que no podía faltar en los hogares era una televisión. En ella se recibían noticias a diario, incluso algunas en directo, música, representaciones de teatro, películas... Ya no había vuelta atrás, la televisión había llegado para quedarse, y así ha sido y sigue siendo. Mucho tiempo ha pasado desde los viejos aparatos en blanco y negro a válvulas que muy pocos se podían permitir, pero, a pesar del paso de los años, aún sigue siendo un electrodoméstico extendido universalmente, ahora con pantallas gigantescas para ver partidos de fútbol o películas en nuestra propia casa. Noticias, conciertos, programas infantiles... Hay generaciones que casi hemos sido criadas por la televisión, que nos hemos educado con ella desde niños gracias a los programas infantiles, que hemos descubierto el mundo, el universo, las profundidades marinas, la fauna y flora que nos rodea a través de los documentales, que nos hemos sobrecogido con emisiones en directo de atentados terroristas, catástrofes naturales o acciones heroicas... Todo sin movernos del salón de nuestras casas. Sí, no es exagerado decir que la llegada de la televisión a nuestras vidas ha supuesto un cambio de era.

El artífice del primer aparato de televisión es John Logie Baird, un joven ingeniero eléctrico escocés que consigue construir un sistema de emisión y recepción funcional a mediados de los años 20 del siglo pasado.

John Logie Baird durante el desarrollo de su modelo de televisión, donde se aprecia en primer plano el disco de Nipkow, que utilizará como elemento mecánico de su aparato.

No era el único que estaba detrás de este invento. Muchos años antes, a finales del siglo XIX el prusiano Paul Julius Gottliev Nipkow, en 1883 ya estaba investigando la manera de transmitir imágenes en movimiento a distancia. A él le debemos el disco de Nipkow, en el que se basará Baird para su modelo de televisión electromecánica. Desgraciadamente, en su época no tuvo mucho interés, y abandonó el proyecto de mandar imágenes a distancia. Casi medio siglo después pudo ver la primera demostración de la compañía de Baird basada en su disco de imagen.

John L. Baird junto a un modelo de funcionamiento de su televisor, en el que se puede ver el sistema mecánico en detalle y a Bill, la siniestra cabeza de marioneta que empleaba en sus pruebas de transmisión de imagen a distancia.

Pero volvamos a John Logie Baird y su invento. Este ingeniero escocés estaba obsesionado con la imagen, especialmente con la posibilidad de transmitir electrónicamente, mediante impulsos eléctricos u ondas de radio, imágenes a distancia. Entre 1922 y 1924 desarrolla un sistema que consigue transmitir una imagen, borrosa y parpadeante, de una cruz de Malta. El 26 de enero de 1926, en su laboratorio de Londres, realiza la primera demostración pública de un aparato de televisión ante un grupo de científicos, en el que aparecía una marioneta algo siniestra a la que llamaba Bill, y que usaba para sus pruebas. Tras unos instantes manipulando sus aparatos, en una pequeña pantalla de poco más de dos pulgadas y 25 líneas, apareció la cara sonriente de Bill, ante el asombro de los allí presentes. Ese fue su primer aparato de televisión electromecánico funcional.

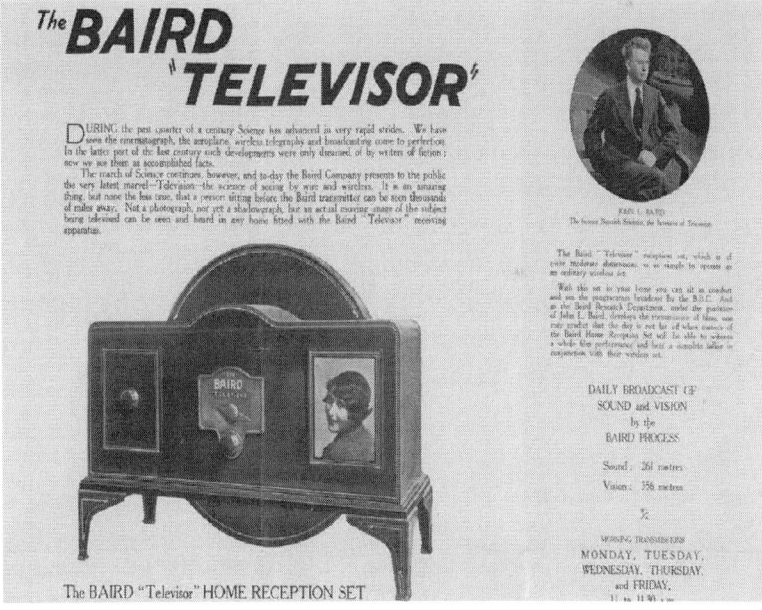

Anuncio publicitario de los televisores electro mecánicos Baird comercializados durante los años 30.

El invento de Baird era un aparato electromecánico, es decir, que constaba de una parte electrónica, que mandaba señales a unas lámparas que cambiaban su intensidad según la señal, y otra parte mecánica, basada en el disco de Nipkow. Este disco era el responsable de la reproducción de las líneas en la pantalla, ya que consistía en un disco perforado con agujeros en espiral, que al girar dejaban pasar la luz por los agujeros. Como estaban colocados en espiral, el efecto era el de un punto luminoso que se desplazaba a toda velocidad de izquierda a derecha y de arriba abajo, a modo de "barrido". La lámpara que se encontraba tras el disco aumentaba y disminuía su intensidad según la claridad u oscuridad de la imagen que se transmitía, haciendo que cada vez que el agujero pasaba por delante de la lámpara, ésta se iluminara con la intensidad requerida para formar la imagen. Todo esto, debido al fenómeno de la persistencia retiniana, que hace que la luz quede unos instantes en nuestra vista una vez se ha apagado el foco, daba el efecto de que ese disco girando a toda velocidad se convertía en una imagen reconocible. Cada vuelta completa mostraba una imagen, por lo que cambiándola a una frecuencia adecuada (en este caso 12 imágenes por segundo), se conseguía el efecto de imagen en movimiento.

Como el emisor grababa con el mismo sistema sólo que en vez de lámpara tenía sensores de luz, lo que se mostraba frente a la cámara, aparecía instantáneamente en el aparato de televisión. Era el paso que le faltó a Nipkow para haber sido el primero en inventar la televisión.

En 1927 consigue transmitir una señal entre Glasgow y Londres a través del cable telefónico, salvando una distancia de 705 Km, y al año siguiente hizo lo propio emitiendo una señal entre Londres y Nueva York mediante ondas de radio. Incluso hizo una demostración desde mitad del Atlántico embarcando su propia estación emisora de televisión, ya como director de su empresa, la Baird Television Development Company.

Poco tiempo después mejoró su sistema alcanzando una resolución de 240 líneas en 1929 y alcanzando las 450 en los últimos modelos (nuestras viejas televisiones tenían 525 líneas en NTSC y 625 en PAL). Incluso desarrolló modelos en color y en 3D, aunque no se llegaron a comercializar.

Sin embargo, aunque su sistema fue el origen de la televisión, la revolución llegó de la mano del estadounidense Philo Farnsworth, que en 1927 desarrolló su propio sistema de transmisión de imágenes a distancia completamente electrónico, sin partes móviles y sin basarse en el disco de Nipkow. Su aparato se basaba en el tubo de rayos catódicos, concebido por él mismo con tan sólo 14 años y desarrollado con 21. Como pantalla o tubo de imagen, utilizó un matraz Erlenmeyer de su laboratorio, de fondo plano, donde se proyectarían las imágenes. Había nacido la televisión moderna. Por desgracia, el invento era muy codiciado, y el magnate de la radio y presidente de la RCA David Sarnoff hizo todo lo posible para adelantarse, buscando físicos e ingenieros que pudieran robarle su idea. Incluso llegó a visitarle para espiar su laboratorio y llegó a ofrecerse a comprarle sus patentes, ya que no era capaz de replicar su invento. Finalmente, algún tiempo después y a costa de un gran desembolso económico, Sarnoff logra su objetivo, y en 1939 Zworykin aparece

Philo Farnsworth, artífice del tubo de rayos catódicos que permitió la aparición de las televisiones totalmente electrónicas, sin elementos móviles. Él fue realmente el inventor de las televisiones, tal y como las conocimos todos y como se comercializaron, pese a que le robaron el mérito durante muchos años.

como el inventor de la televisión electrónica. Fue el comienzo de una batalla legal que se prolongó durante años y que acabó con el reconocimiento de Farnsworth como el auténtico inventor de la televisión. Llegaron incluso a llamar a declarar a su viejo profesor que le ayudó cuando tenía 12 años a desarrollar el tubo de rayos. Sin embargo, los años de lucha contra el gigante de la radio le habían dejado en la ruina y su salud se había resentido. Aunque empezó una tímida aventura fabricando televisores, la guerra hizo que tuviera que vender sus activos y dedicarse a la fabricación de radares, abandonando su querido aparato de televisión, y para cuando por fin acabó el conflicto, sus patentes estaban a punto de expirar, sin haber podido rentabilizar un invento que le habría convertido en multimillonario. Su patente expiró en 1947, dejándole fuera del negocio y provocándole una crisis nerviosa de la que nunca llegó a recuperarse, cayendo en la depresión y el alcohol. Murió de neumonía en marzo de 1971, siendo un completo desconocido y con más de 300 patentes a sus espaldas.

TIRITAS

Un elemento indispensable en nuestros botiquines son las tiritas. Un pequeño elemento que nos ayuda a detener pequeñas hemorragias cuando nos cortamos, o que protege las heridas de las rodillas de los más pequeños cuando se caen en verano. Se ha dicho incluso que el diseño de las tiritas infantiles crea un efecto placebo en los niños, que curan antes sus heridas y sienten menos dolor. Hoy en día se fabrican de múltiples diseños, tamaños y formas, pero el concepto es el mismo que el de hace 100 años, cuando el joven norteamericano Earle Dickson las inventó para aliviar a su esposa.

En 1920 el joven Dickson trabajaba comprando algodón para la compañía Johnson & Johnson. Su joven esposa, Josephine, sufría a menudo pequeños cortes en la cocina, por lo que casi siempre recurría a las muestras de algodón que tenía por su casa para ta-

Earle E. Dickson, el joven empleado de una empresa de productos sanitarios que inventó las tiritas para ayudar a su mujer cuando se cortaba en la cocina.

ponarlas, colocando una cinta de tela o esparadrapo sobre la herida. Este sistema requería de alguien que la ayudase a ceñir el algodón y sujetarlo correctamente, por lo que, tras varios cortes, pensó en una forma de aliviar a su compañera. Como trabajaba para una empresa que fabricaba material sanitario, buscó entre los elementos que vendían algunos que pudieran servirle y decidió combinar cinta adhesiva quirúrgica, desinfectante y gasa para construir un apósito fácil de colocar por una sola persona, sin tener que recurrir a ayuda externa.

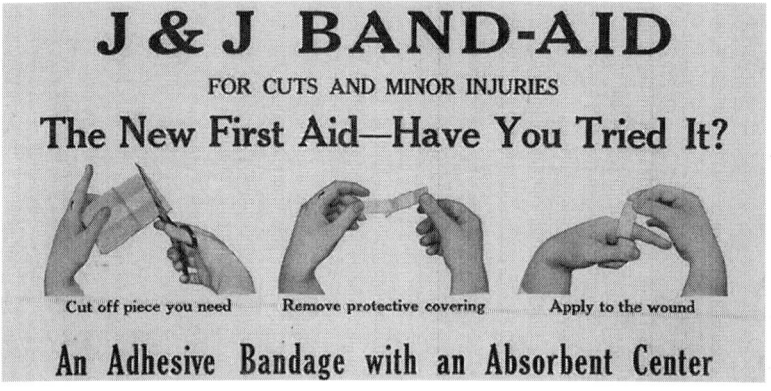

Anuncio publicitario de las primeras Band-Aid, un verdadero éxito comercial y un invento genial.

El formato era de un rollo continuo que podía cortarse según las necesidades de la herida. Como funcionaba tan bien, decidió presentárselo a su jefe, que se lo comentó al ingeniero James Wood Johnson, uno de los fundadores de la compañía que, inmediatamente, supo ver la genialidad y simplicidad de la idea de Dickinson. Las primeras tiritas se empezaron a comercializar en 1921 bajo el nombre comercial de *Band-Aid*. Tal fue el éxito de este sencillo invento que en el año 1924 Johnson & Johnson diseña y fabrica maquinaria especial para poder fabricar las tiritas precortadas, lo que facilitará aún más su uso. Este producto se vendió realmente bien, haciendo subir considerablemente los beneficios de la compañía y catapultando a Earle Dickson a vicepresidente de la misma unos años más tarde.

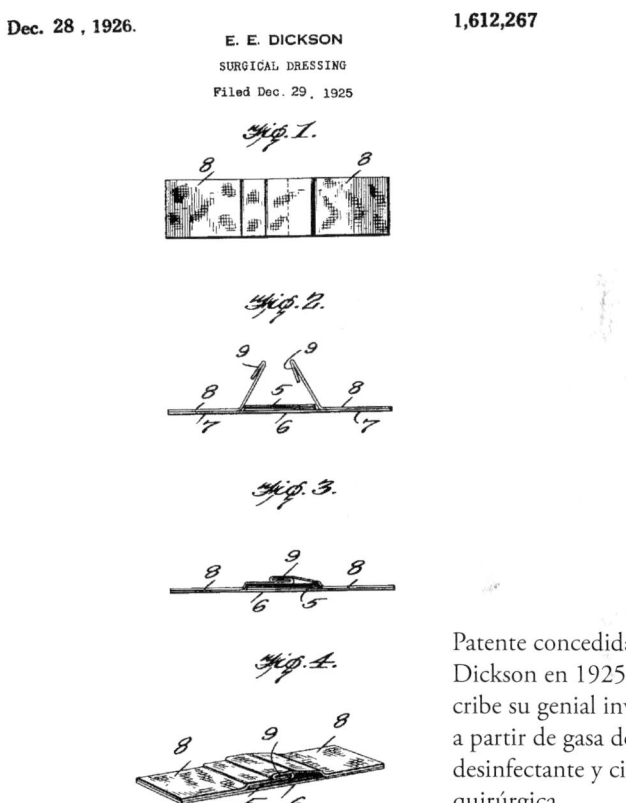

Patente concedida a Earle E. Dickson en 1925 donde describe su genial invento, creado a partir de gasa de algodón, desinfectante y cinta adhesiva quirúrgica.

A España llegan en 1934, gracias al empresario Gerard Coll, que empieza a fabricarlas en los laboratorios Unitex de Mataró hasta que, ya en 1954, decide cambiar su nombre por el de *tiritas*, por el que las conocemos ya genéricamente todos.

A veces, la genialidad aparece cuando intentas ayudar a quien más quieres, como fue el caso de Earle hacia su mujer.

BOLÍGRAFO

Abrimos la nevera y vemos que no nos queda leche. Nos acercamos al papel que tenemos recortado sobre la encimera de la cocina y escribimos distraídamente en la lista de la compra "leche", mientras preparamos el café de la mañana.

Esta escena tan habitual la hacemos a diario millones de personas, pero si nos paramos a pensar con qué lo hacemos, casi todos coincidiremos en que la lista de la compra se hace a *boli*. El bolígrafo, el instrumento de escritura por excelencia, el sistema que todos usamos para tomar apuntes en clase, escribir notas o tachar en las listas. También es el instrumento con que nos enfrentamos a los temibles exámenes, nuestra única arma frente al folio que nos interroga sin piedad.

Pero este sencillo instrumento guarda sus secretos. No es un ingenio sencillo, ya que su tecnología es bastante compleja, e incluso hoy en día, algunos fabricantes hacen bolígrafos de pésima calidad que dejan de funcionar al poco tiempo de estrenarlos. ¿A quién se le ocurrió idear este instrumento y por qué?

La primera patente de un sistema de escritura que esparce tinta mediante una bola giratoria lo encontramos en la patente de John Jacob Loud. Este inventor de Massachusetts diseñó y patentó en el año 1888 un sistema de marcado de tinta mediante una bola de metal, introduciendo la tinta en un cilindro metálico, a diferencia de los tinteros para plumas de su época, que estaban separados de la plumilla. Su intención era poder escribir y marcar piezas de cuero, madera u otros materiales rugosos donde las plumas normales no podían escribir. Aunque llegó a fabricar algunos, el tamaño de la esfera era demasiado grande como para que se pudiera escribir texto en un papel, y no llegó a fabricarlas en serie, caducando la patente sin haber llegado a comercializarse.

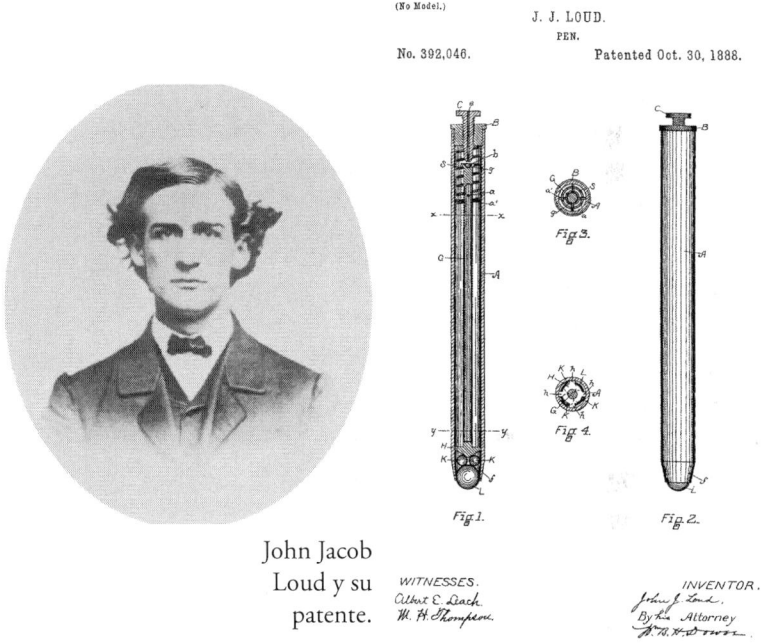

John Jacob Loud y su patente.

Tuvieron que pasar 50 años hasta que el periodista e inventor de origen húngaro Ladislao José Biro (László József Biró), revolucionara el mundo de la escritura con su modelo funcional de "pluma esferográfica".

Biro cuenta que en la redacción en la que trabajaba muchas veces tenía que interrumpir su trabajo porque las plumas se atascaban cuando estaba escribiendo, ya que él era zurdo y las plumas no están diseñadas para ellos. Ser zurdo y manejar una pluma es complicado, porque al avanzar en la escritura la punta va al revés, y se traba, se abre y deja manchas de tinta, además de emborronar el texto con la propia mano. Como era una mente inquieta (se le atribuyen numerosos inventos además del bolígrafo, tales como el perfumero *roll-on*, basado en el mismo principio, una lavadora de ropa, la caja de cambios automática, varios procesos químicos industriales...) se decidió a solucionar su problema y pensó en utilizar una tinta más espesa para evitar los problemas de escritura que le atormentaban. Sin embargo, las plumas normales no funcionaban bien con esta tinta más espesa, por lo que tuvo que seguir buscando una solución.

Parece ser que en la rotativa de su periódico le llamó la atención el sistema en que los rodillos impregnados en tinta eran capaces de imprimir sin que hubiera salpicaduras ni se manchase nada, por lo que se centró en un sistema parecido, aunque sin éxito. Cuentan que mientras estaba tratando de solventar este escollo, se fijó en unos niños que jugaban en el parque con canicas, y que al ver rodar una atravesando un charco, se percató de la línea que dejaba al pasar la bola mojada, y eso le dio la solución. Se puso manos a la obra y junto a su hermano Gyorgy, químico de profesión que le había ayudado en la formulación de la tinta espesa, patenta en 1938 su modelo de pluma esferográfica.

El estallido de la Segunda Guerra Mundial y el hecho de que era judío le obligaron a emigrar, y es en Argentina, en 1943, donde junto a su hermano y Juan Jorge Meyne, su socio y amigo que le ayudó a escapar del nazismo, fundan la compañía *Biro Meyne Biro*, lanzando al mercado el primer bolígrafo comercial, el *Birome* (De Biro y Meyne). Los primeros bolígrafos costaban entre 80 y 100 dólares, toda una fortuna, pero poco a poco fueron rebajando el coste debido a la gran demanda, porque el objetivo de Biro era que fuese un aparato de escritura para todos.

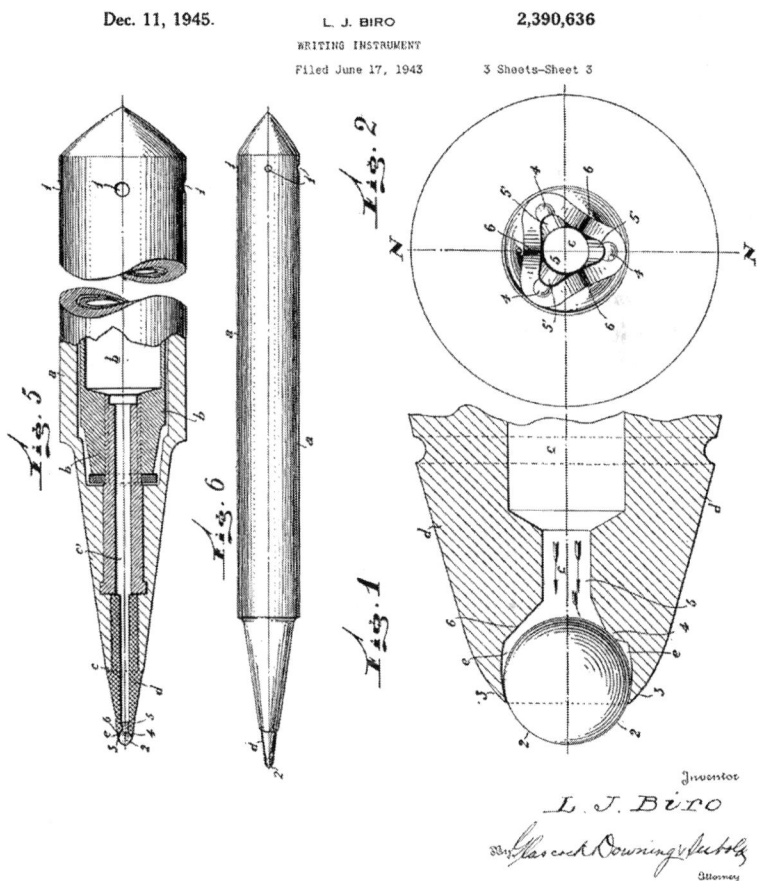

Dec. 11, 1945.   L. J. BIRO   2,390,636

WRITING INSTRUMENT

Filed June 17, 1943   3 Sheets-Sheet 3

Patente de 1943 del sistema de escritura esferográfica ideado por los hermanos Biro y su socio Juan Jorge Meyne, que bautizaron comercialmente como Birome.

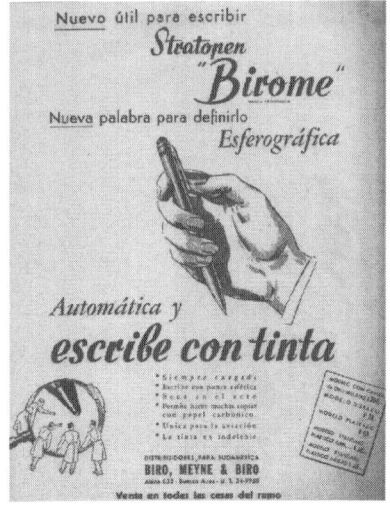 

Las ventajas de esta nueva pluma mágica fueron rápidamente reconocidas por los usuarios: no había que mojar ni recargar de tinta la pluma, no manchaba al escribir y secaba al instante sobre el papel. Otro aspecto muy importante era que permitía ser usado sobre impresos autocopiantes de papel carbón, muy usados antes de aparición de impresoras y fotocopiadoras, ya que al tener que hacer presión al escribir quedaba grabado el papel que había debajo, cosa que no sucedía con las plumas de tinta líquida. Además, funcionaba incluso en aviones, ya que no le afectaba la presión atmosférica y no se salía la tinta como en las plumas normales.

Tras vender licencias de explotación a varias marcas, la nueva revolución llegó de la mano de la compañía BIC, que en 1951 compra los derechos del nuevo invento para fabricar sus míticos bolígrafos, y que logó abaratarlos hasta hacerlos totalmente asequibles para todos los usuarios.

MICROONDAS

Un electrodoméstico indispensable en nuestras cocinas es, sin duda, el microondas. Todavía hay quien sigue teniendo reparos en su uso, y dice que las radiaciones que emite son nocivas y otras muchas cosas, pero lo cierto es que prácticamente cada cocina tiene uno sobre su encimera. Si nos paramos a pensar cómo era una cocina hace años, cuando algunos de nosotros éramos niños, recordaremos el característico olor a leche quemada sobre el fuego de gas cada mañana al ir a desayunar. Todo lo que tuviera que ser cocinado o calentado tenía que pasar por el fuego. Pero hoy en día muy pocos son los que lo hacen así. Si preguntamos a cualquiera qué es lo que hace nada más levantarse al ir a preparar el desayuno, casi todos coincidirán en que lo primero es calentar la leche o el café en el microondas. Pero no sólo lo usamos para el primer café de la mañana, también para descongelar alimentos, cocinar bizcochos rápidamente, hacer palomitas de maíz, fundir quesos... Todo esto sería hoy muy distinto si no hubiese sucedido una feliz casualidad en un laboratorio militar hace casi 80 años.

El 8 de octubre de 1945, Percy LeBaron Spencer, un ingeniero norteamericano de 51 años, estaba trabajando en el laboratorio de la compañía Raytheon fabricando y probando magnetrones, una parte imprescindible de los radares que transforma energía eléctrica en energía electromagnética pulsada de alta frecuencia. Percy, que abandonó los estudios de niño y se alistó en la marina, se especializó en sistemas de telegrafía sin hilos y aparatos de radio, llegando a destacar por su habilidad y curiosidad por esta tecnología. Desde los años 20, tras abandonar el ejército, comenzó a trabajar para la compañía Raytheon, suministradora de material para las comunicaciones del ejército norteamericano y fabricación de piezas de radares. Hasta que, por pura casualidad, ese día 8 de octubre, mientras paseaba por la factoría, observó cómo al acercarse a uno de los magnetrones encendido, una chocolatina que tenía guardada en el bolsillo se empezaba a calentar y derretir sin causa aparente. Tras unos instantes de estupefacción, asoció su proximidad al magnetrón con el calentamiento del dulce, por lo que decidió probar con otros alimentos, como granos de maíz, modificando las frecuencias y potencia del aparato. Tras algunos intentos, los granos comenzaron a agitarse y explotar en blancas palomitas de maíz. Había descubierto que las microondas de radio de alta frecuencia eran capaces de calentar los objetos que se aproximaran lo suficiente a un magnetrón encendido. También descubrió que esas microondas no eran capaces de atravesar una chapa de metal, lo que le sugirió la idea de que podría ser encerrado dentro de un mueble metálico para que las microondas no escapasen y poder controlar de forma segura el calentamiento de los objetos o alimentos en su interior.

Percy L. Spencer en su laboratorio de Raytheon, donde descubrió las propiedades de las microondas para calentar moléculas de agua.

Ese mismo año presentó su invento, recibiendo la patente de invención número 2.495.429 de EE.UU. y dos años más tarde, en 1947, la misma compañía Raytheon comercializaba el primer modelo de aparato microondas. Sin embargo, su éxito fue muy limitado. En primer lugar, porque era un aparato extremadamente grande y pesado, (medía más de metro y medio de alto y pesaba 60 kilos) y en segundo lugar, por su elevado precio, lo que limitó su uso a cocinas industriales y militares.

Raytheon modelo 1132 del año 1947, el primer modelo comercial de microondas comercializado en Estados Unidos.

Posteriormente, se diseñaron modelos más pequeños y asequibles, hasta que en el año 1976 se empieza a popularizar en masa, llegando a muchos hogares estadounidenses. Su inventor, aunque tuvo gran reconocimiento por sus patentes (más de 300) y logró un alto puesto en la empresa, falleció el 9 de septiembre de 1970, apenas unos años antes de que su invento se impusiese en todo el mundo.

Desde su salida al mercado hasta nuestros días, el uso de este invento no ha parado de crecer, pasando del tímido 4% de hogares con un microondas en su cocina en 1975 al 14% en 1976 y aproximadamente al 90 ó 95% en nuestros días.

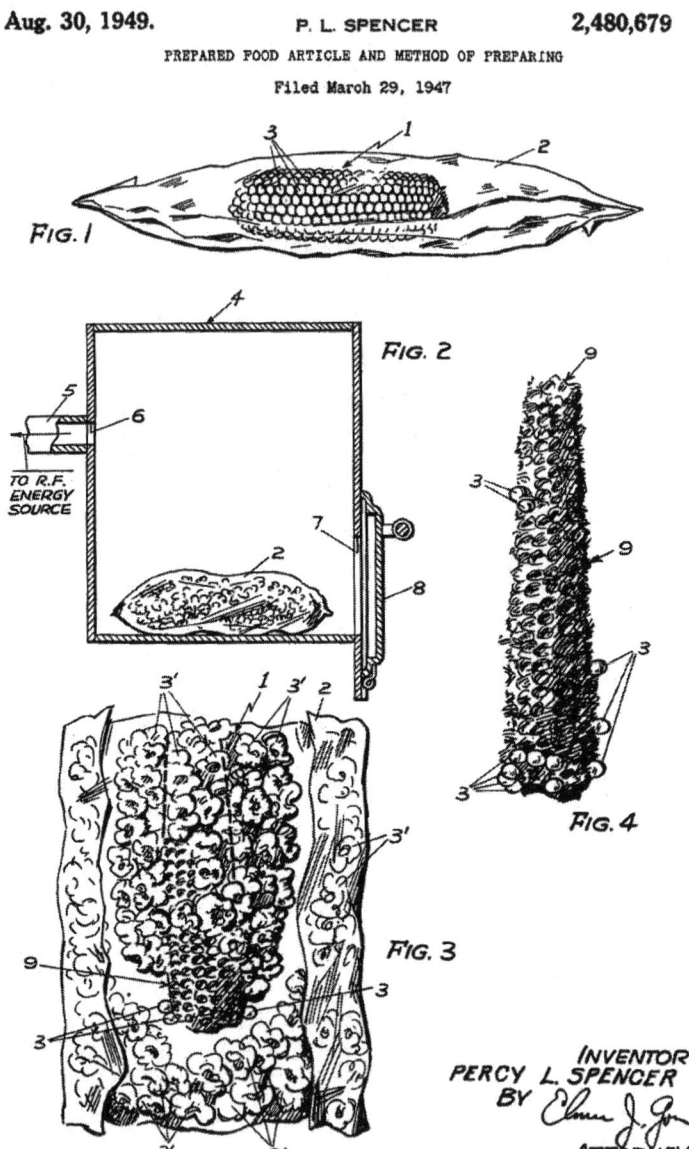

FIG. 1

FIG. 2

TO R.F.
ENERGY
SOURCE

FIG. 4

FIG. 3

INVENTOR
PERCY L. SPENCER
BY
ATTORNEY

Detalle de la patente US 2.480.679 de 1947 en la que Percy LeBaron Spencer explica la forma de cocinar palomitas de maíz con su nuevo invento.

Y aunque hoy en día ya casi nadie duda de sus virtudes, en sus inicios hubo reticencia a su uso debido a la asociación que la gente hacía de la radiación por microondas con la peligrosa y letal radiación nuclear, tan tristemente de moda en aquellos años. También por el extraño calor que producía, ya que era difícil de entender que, por ejemplo, la leche de una taza saliera muy caliente mientras la propia taza estaba fría. Posteriores campañas de divulgación explicaban cómo funcionaba realmente el microondas, cómo "agita" las moléculas de agua que, al chocar entre sí, generan calor, y cómo no todos los materiales se calientan al ser sometidos a este tipo de radiación. Finalmente, los consumidores decidieron, y priorizaron la comodidad, limpieza y rapidez al calentar y cocinar, sobre los posibles remotos riesgos que pudiera tener su uso.

HOLOGRAMAS

Seguramente se estén preguntando qué tiene de cotidiano un holograma. Esas cosas tridimensionales que vemos en las películas de ciencia ficción que parecen flotar en el aire y que podemos atravesar con la mano. Pero si nos paramos a pensar, recodaremos que en ciertos bollos de los años 80 regalaban una especie de cromos de plástico plateados que según cómo les diera la luz, cambiaban de color, como el arcoíris, y mostraban una figura en tres dimensiones que parecía estar atrapada en su interior, como si de una especie de portal dimensional se tratara. Estos juguetes (por lo menos a mí) nos fascinaban, y aunque creamos que su aplicación es meramente recreativa o artística, lo cierto es que se utilizan actualmente en muchísimas cosas. Por ejemplo, en los billetes de euro, si nos fijamos con atención, podremos ver hologramas, tanto plateados como transparentes, que al moverlos bajo la luz muestran letras o dibujos. También en ciertas tarjetas de crédito, en los discos originales de programas informáticos, en electrodomésticos, contratos, etc. Se utilizan de forma habitual, también, en pegatinas o sellos de garantía (*"warranty void if seal removed"*), que nos advierten de que si abrimos el aparato por nuestra cuenta rompiendo el holograma, se nos invalida la garantía del producto. Esta aplicación sí que es muy cotidiana, y a lo mejor ha pasado desapercibida para muchos lectores, pero ahora, si se fijan, verán que estamos rodeados de ellos. Están por todas partes. Incluso en los ahora casi obsoletos discos compactos se utilizan los principios de este inventor.

La holografía apareció por casualidad, o así nos lo asegura su inventor, el húngaro Dennis Gabor. Este ingeniero tiene una curiosa historia. Nacido en Budapest en 1900, compartió barrio con algunos de los científicos más importantes del siglo XX, como Georg von Békésy premio Nobel de Medicina, el investigador en aerodinámi-

Dennis Gabor, ingeniero húngaro de ascendencia ruso-española inventor de los hologramas.

ca Theodore von Kármán, el pionero en informática John von Neumann, el físico nuclear Leo Szilard, el padre de la bomba de hidrógeno Edward Teller o el premio Nobel de Física Eugene Wigner. Toda una colección de cerebros concentrados en un tiempo y lugar determinados y que, cada uno a su manera, cambiaron el mundo. Dennis Gabor pertenecía a una familia acomodada de ascendencia ruso española del imperio austrohúngaro, y era judío, lo que le traería más de un problema en el futuro. Ya desde pequeño inventaba aparatos e ingenios (su primera patente es de 1911, cuando apenas contaba con 11 años, de un tiovivo con aviones animados en vez de los clásicos caballos, y que empezó a desarrollar un año antes) y junto con su hermano, experimentaban con la física y la electrónica. Tras finalizar sus estudios de ingeniería, es llamado a filas en los últimos meses de la Primera Guerra Mundial, lo que le permite regresar a la vida civil relativamente pronto e ileso. Sin embargo, su país había cambiado, y tras la implantación de las ideas soviéticas decide emigrar a Alemania, sin adivinar lo que en pocos años va a suceder allí. En su estancia germana no pierde el tiempo, y se diploma en ingeniería eléctrica, donde conoce a Albert Einstein, al que admirará durante toda su vida. Allí desarrolla varios proyectos relacionados principalmente con las lámparas de gas de alta presión. Sin embargo, con la llegada al poder de Adolf Hitler en 1933 su condición de judío le impide seguir trabajando en la compañía Siemens, que le rescinde el contrato y le impide continuar con sus estudios, por lo que decide emigrar a Inglaterra, donde ayudará a combatir el nazismo trabajando en diversos proyectos de radio y radar para la Royal Air Force. Una vez terminada la guerra comienza a realizar nuevos estudios, tanto de comunicación (acuñará el concepto de filtro de Gabor) como de obtención y procesamiento de imágenes.

Y es en sus estudios y experimentos sobre análisis de imagen donde surge el invento que nos ocupa ahora mismo. Gabor descubrió las limitaciones de la luz para los microscopios ópticos y electrónicos, y se propuso mejorarlos a través del registro fotográfico de imágenes, una técnica que pretendía mejorar la resolución del microscopio electrónico utilizando además las longitudes de onda que reflejan los objetos al ser iluminados. Así consigue más información que puede apilar para obtener más datos de una imagen, como si tuviera varias capas superpuestas. Gabor describió el proceso de descodificación de la información fotografiada, pero hacía falta encontrar la manera de registrar la inclinación de los rayos de luz que llegaban a la película fotográfica. Esta técnica, bautizada como "reconstrucción del frente de onda" o también como "holografía" (fotografía completa), realmente no tuvo mucho éxito para el propósito que se ideó, ya que apenas mejoraba la calidad de imagen del microscopio, y su patente de 1947 *(GB685286)* quedó como una de tantas en su dilatada colección.

Dennis Gabor describiendo el funcionamiento de los hologramas al aplicarles una fuente de luz láser en 1971. AIP Emilio Segrè Visual Archives, Physics Today Collection.

Sin embargo, en 1962, Yuri Denisyuk y Emmet Leith, soviético y norteamericano respectivamente, deciden aplicar un nuevo tipo de luz polarizada, el láser, al invento de Gabor. Esta nueva perspectiva revoluciona el campo óptico, ya que permite desarrollar todo el potencial de los trabajos de Gabor.

Gracias al láser, se puede grabar una película fotosensible como si de un negativo fotográfico se tratase, pero que al cambiar el ángulo de visión, recrea el volumen tridimensional del objeto representado, como si estuviese físicamente allí, debido a la interferencia de los haces de luz coherentes sobre el objeto. Este descubrimiento permitió, entre otras cosas, crear pegatinas anti falsificación, como las utilizadas en los billetes y tarjetas de crédito, también aplicaciones científicas, como la visualización estereoscópica o el registro de datos en múltiples capas, e incluso manifestaciones artísticas, como los hologramas pictóricos y animados, de los que el mismísimo Salvador Dalí hizo uso.

Dennis Gabor recibió el premio Nobel de física en 1971 y definió un concepto, la holografía, que a día de hoy nos sigue sonando a algo futurista y fascinante.

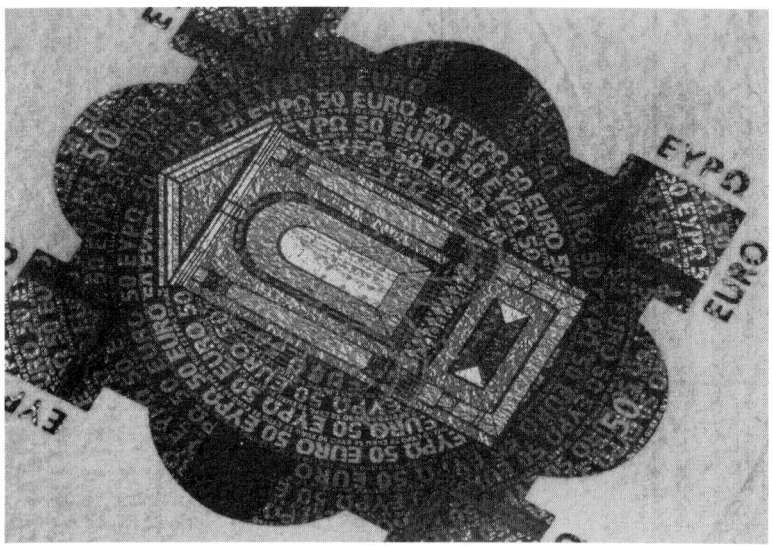

Detalle de holograma en billete de 50 euros.

EL DISCO DE VINILO

Puede que este sea el invento más querido de los melómanos, tanto por su formato, como por su peculiar sonido. De las muchas formas que existen de reproducir música, el vinilo sigue siendo la máxima expresión, incluso en nuestros días, con el resurgir de este formato que cabría esperar que ya hubiera desaparecido. Pero parece ser que los amantes de la música además son nostálgicos, y les gusta disponer de un soporte físico y tangible para escuchar sus obras favoritas, y cuanto más grande, mejor.

El precursor de los discos de vinilo más directo es el gramófono de discos de pizarra, cuyo funcionamiento es muy similar al de los tocadiscos, aunque con alguna particularidad. Los gramófonos funcionaban sin electricidad, y el movimiento de giro del disco se lograba con un mecanismo de cuerda similar al de los relojes de pared. Antes de poder escuchar el disco se tenía que dar cuerda al gramófono a través de una manivela en el lateral del mueble, lo que generaba una estampa bastante cómica, ya que si el disco era largo (los discos de pizarra eran en general bastante cortos en su duración), la melodía iba ralentizándose progresivamente, y el operador de la máquina tenía que apresurarse a darle más cuerda girando vigorosamente la manivela. Estos gramófonos o "gramolas", como se conocían popularmente, eran capaces de reproducir el sonido grabado en el disco mediante una aguja metálica o de zafiro que recorría los surcos del disco y transmitía la vibración a una cápsula con una membrana que amplificaba el leve ruido que se producía en la aguja. Conectado a esta cápsula, estaba la corneta, o bocina, una especie de trompeta metálica, a veces bellamente decorada, que emitía y orientaba la vibración haciéndola resonar fuerte y clara. Y todo esto sin ningún tipo de electricidad, sólo mediante una ingeniosa y sencilla mecánica.

Los gramófonos fueron muy populares, pero tenían múltiples inconvenientes, como la poca duración de la cuerda, el control de la velocidad de giro del plato (que hacía que a veces sonara más rápido y agudo y otras veces más grave y lento), y que las agujas se desgastaban con gran rapidez, teniendo que ser cambiadas cada vez que se escuchaba una cara de un disco, o incluso tras cada canción o pieza.

No será hasta 1948 cuando Peter Goldmark, inventor húngaro nacionalizado en Estados Unidos, basándose en el gramófono de Emile Berliner de 1894, se decide a mejorar este soporte y a patentar el LP. Este prolífico inventor, padre de más de 150 patentes, trabajó para Columbia Records, donde desarrolló y comercializó el disco plástico de larga duración.

El jefe de laboratorio de la CBS, Dr. Peter Carl Goldmark (derecha) junto al ingeniero de sonido Rene Snepvangers, quien le ayudó a desarrollar el LP en 1948.

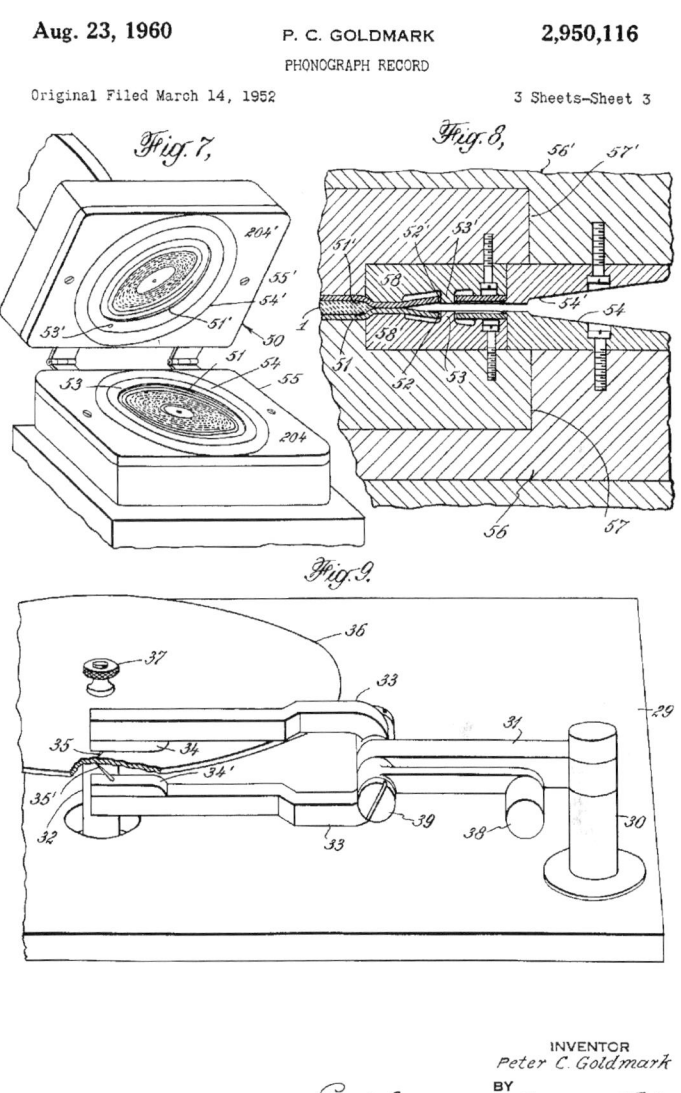

Aug. 23, 1960

P. C. GOLDMARK

2,950,116

PHONOGRAPH RECORD

Original Filed March 14, 1952

3 Sheets—Sheet 3

Fig. 7,

Fig. 8,

Fig. 9.

INVENTOR
Peter C. Goldmark
BY
Pennie, Edmonds, Morton, Barrows and Taylor
ATTORNEYS

Tercera página de la patente de disco de gramófono presentada en 1952 y reconocida en 1960 a favor de Peter Carl Goldmark, donde se describe el funcionamiento del nuevo disco de vinilo.

El invento de Goldmark consistía básicamente en mejorar la vieja gramola y ofrecer un sistema de reproducción de música en el que la capacidad fuese mayor (hasta 30 minutos por cara), y la calidad fuese la mejor posible girando a 33 revoluciones y media por minuto frente a las 74 de los gramófonos.

Además, sustituyó todo el sistema de reproducción, pasando de los viejos discos de goma laca y polvo de pizarra, que eran pesados y muy frágiles, a los actuales discos de microsurco de vinilo, los cuales son reproducidos a través una cápsula con microaguja, movimiento del plato a través de un motor eléctrico, y amplificación electrónica para reproducir el audio a través de unos altavoces. Además es capaz de reproducir al audio en dos canales independientes, logrando el efecto estéreo. Otra de las ventajas de utilizar este sistema electromecánico es que permitía un control de volumen electrónicamente, a través de un potenciómetro giratorio que actuaba sobre el amplificador (en las gramolas se conseguía cambiando las agujas por unas más gruesas o finas en función del volumen deseado).

Aunque este invento sea simplemente una mejora de los viejos discos de pizarra, lo cierto es que se ha mantenido en el tiempo como el sistema de reproducción musical más longevo, ya que aún hoy en día se siguen fabricando, incluso con más interés por parte del público en adquirirlos frente a otros formatos más modernos como los discos compactos, cintas digitales, FLAC o MP3. Sería difícil imaginar cómo hubieran sido estos últimos 70 años si no hubiese existido el vinilo y se hubiera seguido usando la gramola para escuchar música hasta la aparición de la cinta de cassette.

VELCRO

El velcro es, junto con la cremallera, uno de los sistemas más ingeniosos ideados por el hombre para mantener unidas temporalmente dos piezas de tela. Es el sistema que siempre se pone de ejemplo en las escuelas de diseño industrial para mostrar cómo la observación e imitación de la naturaleza produce inventos geniales (biomímesis). Gracias a este invento los niños pequeños son capaces de abrocharse ellos solos los zapatos antes de aprender a hacer nudos y lazadas, entre otras muchas cosas.

Pero veamos cómo surgió y la odisea de su inventor para lograr que funcionase.

Georges de Mestral, un suizo de mente inquieta, ya desde pequeño destacó por su curiosidad e inventiva. Con sólo 12 años diseñó, fabricó y patentó un avioncito de juguete, la primera de las cientos de patentes que registraría a lo largo de su vida. Tras licenciarse en la escuela politécnica federal de Lausanne como ingeniero en electricidad, comenzó a trabajar en una empresa de maquinaria pesada, donde permaneció varios años con su rutina diaria y sin muchos sobresaltos. Hasta que un día, cazando con su perro en las montañas de los Alpes, tras una jornada rutinaria, se dispuso a recoger sus enseres y limpiar sus polainas y a su propio perro Milka. Aquel día habían atravesado una zona llena de matorrales y de bardanas, una planta con semillas espinosas, y se dio cuenta de que le costaba mucho trabajo retirar las semillas que se habían quedado enganchadas al pelo del animal y a su propia ropa. Intrigado por la fuerza con la que se agarraban estas semillas, se llevó unas cuantas para observarlas al microscopio. Al mirar por el ocular descubrió una serie de espinas terminadas en pequeñísimos ganchos que se enredaban en cualquier fibra fina, como la lana o el pelo. Corría el año 1941 y a Georges se le ocurrió que, tal vez, ese sistema de diseminación de semillas ideado por la naturaleza le podría ser útil para fabricar un nuevo tipo de cierre.

Dicho y hecho, desde el incidente alpino con su perro y las semillas, Georges de Mestral comenzó una frenética carrera para intentar replicar ese sistema de agarre utilizando todos los medios que tenía a su alcance. En primer lugar lo intentó con fibras naturales, como el algodón, pero el cierre perdía adherencia al poco tiempo, ya que los filamentos se "peinaban" con los ganchos tras unos pocos usos y dejaban de funcionar.

Posteriormente utilizó un sistema de ganchos y bucles fabricados en nylon y poliéster, logrando un resultado mucho más eficaz. Logró formar los ganchos calentando filamentos de nylon, y descubrió que la parte de los bucles, una vez tejida y calentada, conservaba su estructura y era elástica, lo que permitía ser reutilizada muchas veces sin perder su capacidad de engancharse. Diez años después de comenzar a trabajar en este ingenio presentó la primera patente de velcro, que se le concede en el año 1955, cuatro años más tarde.

Emocionado por su descubrimiento, comenzó a fabricarlo en serie para poder proveer a Europa y Estados Unidos, aunque con poco éxito, dado que el velcro (del francés *velour*-terciopelo y *crochet*-gancho) parecía un harapo de tela cosido a los vestidos y no era estético. Tuvo que esperar hasta finales de los años 50 para que empezaran a despegar las ventas.

Georges de Mestral junto a su perro Milka (llamado así porque sus manchas marrones le recordaban a las famosas chocolatinas), inventor e inspirador respectivamente del velcro.

Pero a finales de los años 60, concretamente en 1968, la NASA se fija en el velcro como sistema de cierre de las diferentes piezas que componen los trajes espaciales, lo que supondrá un aumento importantísimo en su popularidad y el empleo en muchas prendas y objetos, como cierres de bolsos, zapatillas, equipos de buceo de esquí, etc.

A partir de ahí el éxito del velcro no ha parado de crecer, siendo utilizado hoy en día en casi todos los ámbitos. De hecho, la palabra velcro es una marca comercial, no un nombre de algo real, y el propio inventor tuvo que luchar duramente para que se reconociera y protegiera su marca, aunque sin demasiado éxito. Finalmente, la patente expiró en el año 1978, siendo una de las más rentables de la historia, y aunque intentaron renovarla en varias ocasiones quedó liberada ese mismo año.

De Mestral murió en 1990, con una fortuna a sus espaldas y más de cien patentes registradas, uno de los legados patrimoniales más grandes de Suiza y también más desconocidos.

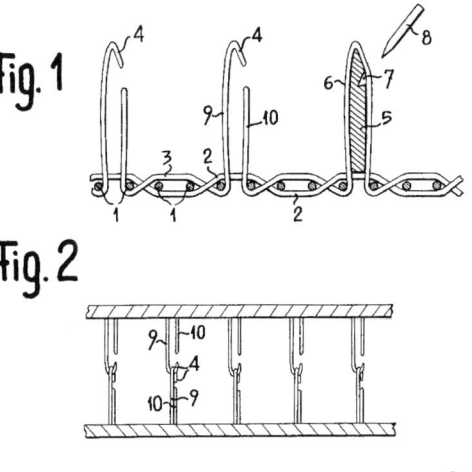

Sept. 13, 1955   G. DE MESTRAL   **2,717,437**

VELVET TYPE FABRIC AND METHOD OF PRODUCING SAME

Filed Oct. 15, 1952

INVENTOR

George de Mestral.

BY

ATTORNEY

Patente de 1955 de George de Mestral, donde se describe el mecanismo de ganchos y bucles que permiten el cierre y apertura de las cintas de velcro.

TIPP-EX

Hoy en día ya no es un invento tan cotidiano ni imprescindible, ya que casi todos los impresos se realizan por ordenador, pero hace algunos años, tanto los que escribían a máquina como los estudiantes en sus cuadernos de apuntes, siempre teníamos a mano un pequeño botecito blanco con una etiqueta roja en la que se leía la palabra Tipp-Ex. Este botecito contenía un líquido blanco y espeso, de un olor característico, que se aplicaba con pincel sobre la letra o palabra que queríamos corregir y, una vez seco, se podía escribir nuevamente encima sin tener que recurrir a los feos tachones. Actualmente se sigue fabricando y usando, y además se encuentra en otros formatos, como hojitas correctoras para máquina de escribir, o cintas continuas para borrar, presionando y deslizando sobre el error cometido, que dejan una franja de producto sobre la que podemos volver a escribir.

La empresa se fundó en Alemania en 1959, pero los orígenes están en Estados Unidos unos años antes, más concretamente en Texas.

Bette Nesmith Graham (nacida como Bette Clair McMurray), tejana de Dallas y gerente de una empresa de automoción, vio cómo su vida cambiaba tras la Segunda Guerra Mundial, momento en que nació su hijo mientras su marido combatía. A su regreso, se divorciaron y para colmo, falleció su padre, dejándole algunas propiedades. Es entonces cuando decide mudarse a la vieja casa familiar y comenzar de nuevo para sacar adelante a su familia. Encuentra un puesto de secretaria y con él puede mantenerse, aunque sin demasiados lujos.

Bette Nesmith, la inventora del revolucionario Tipp-Ex, que salvó de la tala a millones de árboles (bueno, a lo mejor no tanto), pero que sí que nos hizo ahorrar muchos folios cuando nos equivocábamos hace unos años.

Durante su trabajo, una de las cosas que más le molestaban era el tener que repetir una página cada vez que se equivocaba al teclear en su máquina de escribir, por lo que se preguntaba si habría alguna forma de no perder tanto tiempo ni malgastar papel. En aquella época se estaban introduciendo las máquinas de

Anuncio publicitario del precursor del Tipp-Ex comercializado por Bette Nesmith, el popular Liquid Paper (originalmente Mistake Out) que vio la luz en 1956.

escribir electrónicas que, lejos de facilitarles el trabajo, les hacían cometer más errores. Además, para ganar un sobresueldo, también pintaba escaparates navideños y hacía algunos encargos de vez en cuando. Esta afición a la pintura le dio la idea para poder corregir los errores de las secretarias cuando se equivocaban al escribir con sus máquinas y, como ella misma afirmó: "cuando un artista está rotulando, nunca corrige sus errores borrando, sino que siempre pinta encima del error. Así que decidí usar lo que los artistas usan. Puse un poco de pintura al agua en una botella, tomé un pincel de acuarelas y lo llevé a la oficina. Utilicé eso para corregir mis errores." Y fue así como se le ocurrió la idea de un líquido corrector para máquinas de escribir a principios de los años 50.

Bette Nesmith, empezó a utilizar su invento de manera discreta en la oficina, mejorando poco a poco la fórmula gracias a la ayuda del profesor de química de su hijo, recibiendo alguna reprimenda por parte de sus jefes cuando la descubrían, pero algunas compañeras se lo pedían en secreto debido a lo útil que les resultaba en su día a día. Esto se fue normalizando durante casi cinco años hasta que finalmente, en el año 1956, empieza a comercializar su líquido corrector bajo el nombre de Mistake Out (¡Fuera errores!). Al fundar su propia empresa lo cambiará por Liquid Paper, un nombre mucho más comercial.

Al principio fabricaba su producto en la cocina de su casa, incluso con muy poco beneficio económico (a veces hasta perdía dinero), pero en poco tiempo, todas las secretarias del país querían el producto milagroso para su trabajo diario. El resto fue un crecimiento exponencial, llegando a tener una empresa con 300 empleados y una producción superior a los 25 millones de frascos anuales. Además, debido a sus fuertes creencias y actitud religiosa, fue también pionera en lo que hoy llamamos "responsabilidad social corporativa", incluyendo en su modelo de empresa una guardería, biblioteca, zonas verdes... En 1979, tras una grave crisis por el registro de la marca con su exmarido, vendió Liquid Paper a la Gillette Corporation por nada menos que 47,5 millones de dólares, un año antes de fallecer, con tan sólo 56 años, de un derrame cerebral.

Una curiosidad: su único hijo, Michael Nesmith, fue el guitarrista de la banda de rock *The Monkeys*, heredero de la mitad de la fortuna de su madre, y reconocido filántropo, financiando, entre otros proyectos, la Fundación Betty Clair McMurray, dedicada a ayudar a mujeres desfavorecidas, orientación profesional para madres solteras, refugio y asesoramiento para mujeres maltratadas y becas universitarias para mujeres maduras.

Betty es un ejemplo de tenacidad y mujer hecha a sí misma, que supo ver una necesidad y encontrar una solución mientras todos se resignaban. Y aunque hoy en día todos usamos el líquido de la empresa alemana, su *Liquid Paper* fue el precursor de este botecito blanco que algunos aún tenemos dando vueltas por nuestro escritorio.

LA FREGONA

Es todo un clásico el hecho de que cuando se menciona un invento español siempre surge, como si de un resorte se tratase, el chupa-chups y la fregona. Esto es harto injusto, pues de nuestro país han salido otros muchos inventos, algunos realmente revolucionarios, y que muy poca gente conoce. Sin embargo, la fregona siempre es uno de ellos. Y tampoco hay que quitarle mérito. Pensemos en cómo se puede limpiar un suelo en húmedo y cuán incómodo puede llegar a ser. Si vemos películas antiguas, o de época, ambientadas apenas 100 años atrás, cuando había que limpiar un suelo, no quedaba más remedio que ponerse de rodillas y restregar un paño o un cepillo mojado hasta dejarlo "como los chorros del oro". Si alguna vez han intentado hacer esto sabrán el dolor de brazos, espalda y rodillas que supone esta labor, por lo que, también desde hace mucho tiempo, se ha intentado emplear algún sistema para aliviar esta pesada carga.

La idea de añadir un palo a un mocho no es nueva en absoluto. Ya tenemos constancia de "fregonas" que se usaban para limpiar las cubiertas de los barcos a finales del siglo XV. Además hay varias patentes de sistemas parecidos, pero son evoluciones de la mopa que simplemente aliviaban el problema de la postura añadiendo un palo al trapo. En el año 1957 aparece la famosa patente de la fregona del ingeniero militar Manuel Jalón Corominas quien, estando a bordo de un barco de la marina estadounidense por motivos de trabajo (era capitán del ejército del aire), observó cómo los marineros limpiaban las cubiertas del aceite de los aviones con un trapo atado al extremo de un palo, y que eso le impulsó a diseñar su propio modelo. Le llamó la atención ver que los soldados limpiaban el suelo sin agacharse, como sí sucedía en España, y así lo cuenta en sus entrevistas.

Sin embargo, hay un documento, un diseño registrado unos años antes por dos mujeres de Avilés. Este documento, que pasó desapercibido durante años, se presentó a las autoridades de la época y se reconoció en el año 1953 como modelo de utilidad pública nº 34.262 bajo el título de "*Dispositivo acoplable a toda clase de recipientes tal como baldes, cubos, calderos y similares, para facilitar el fregado, lavado y secado de pisos, suelos, pasillos, zócalos y locales en general*". Si nos fijamos en el documento, realmente lo que estas dos mujeres, madre e hija inventaron, fue la fregona de Corominas, pero años antes que él.

Julia Montousse Fargues y Julia Rodríguez-Maribona, diseñaron un sistema o *pack* que consistía en un mocho instalado en el extremo de un palo y un escurridor cónico con agujeros acoplable a un cubo, balde o ba-

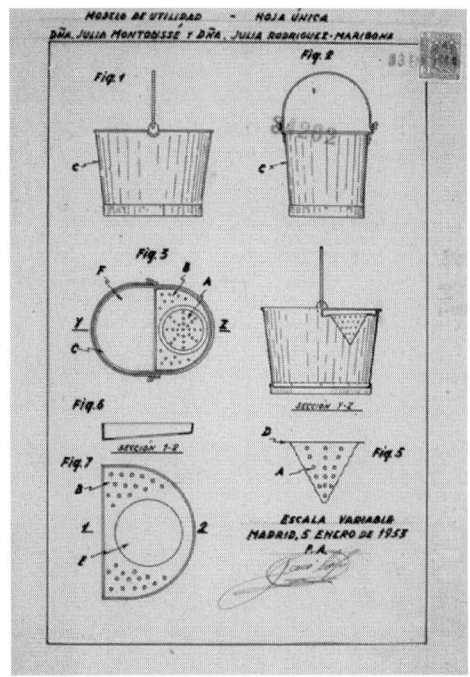

Modelo de utilidad de la fregona, 1953.

139

rreño, y que permitía fregar, aclarar y escurrir sin necesidad de agacharse ni arrodillarse. Sin embargo, su registro como "modelo de utilidad pública", a diferencia de la "patente de invención" (más cara y con mejores condiciones para el registrador", hicieron que "las Julias", como ya se las conoce, quedaran relegadas frente a la invención que Corominas registró y explotó comercialmente por la empresa *Manufacturas Rodex, S.A,* fundada por Manuel Jalón Corominas en 1958.

Hoy en día sigue habiendo dudas sobre si Corominas conocía este invento y se inspiró en él o fueron desarrollos independientes, cosa muy improbable, ya que sus diseños son muy cercanos en el tiempo, pero de lo que no cabe duda es de que Las Julias ya habían tenido esa idea y así lo demuestra su modelo registrado previamente.

Corominas ha pasado a la historia como el inventor de la fregona, con toda la gloria que ello implica, ya que es un invento que se usa en todo el mundo, pero el modelo en que se basaba (prácticamente idéntico) de 1953, permaneció en el olvido hasta que Julio García-Maribona, por afición, recomponiendo la historia familiar, descubre en 2005 que sus dos familiares fueron las primeras inventoras de la fregona. Gracias a la difusión de este hallazgo por parte de Rosa Millán García, hoy podemos resarcir a estas dos mujeres que, varios años antes de la patente oficial, ya registraron su invento y, a pesar de que todo indicaba que jamás serían reconocidas, hoy ya pueden ser consideradas como las madres de este gran invento que hizo que las mujeres dejasen de arrodillarse.

TETRA BRIK

Hasta no hace demasiado tiempo la leche se servía diaria-
mente en botellas de cristal. Aún hay ciudades en Inglaterra que así lo hacen, más por seguir la tradición que por comodidad. En España se solía ir a por leche con cántaras de aluminio
o plástico que se rellenaban a granel. Posteriormente, ya se podía
comprar en botellas de vidrio, con la cantidad medida exacta-
mente, e incluso se llegó a comercializar en bolsas de plástico.
Pero todo cambió cuando a alguien se le ocurrió meter la leche
en una caja de cartón.

La idea no es nueva, ya que 1915 el desarrollo de envases
de cartón para productos lácteos empezaba a rondar por ciertas
mentes. En ese año, la Oficina de Patentes de los Estados Unidos concedió una patente a John R. van Wormer, un fabricante
de juguetes de Ohio, para su invento de una botella de papel im-
pregnado en parafina, aunque la reticencia del sector lácteo, que
había realizado una importante inversión en envases de cristal y
algunos problemas técnicos hicieron que este sistema no llegase
a imponerse.

Fue a finales de los años 50 cuando Ruben Rausing, un economista y empresario sueco, decidió "encajar" la leche. Durante
sus estudios en los Estados unidos a finales de los años 20 del
siglo pasado, pudo observar cómo proliferaban las tiendas de
autoservicio, un modelo que todavía no se conocía en Europa,

donde las tiendas siempre tenían un tendero que entregaba las mercancías a los clientes. Viendo el éxito que tenía ese modelo, supo adivinar que se acabaría exportando a Europa y a todo el mundo, por la facilidad que daba a los compradores, que podían escoger el producto que querían sin que nadie se lo diera, y por lo cómodo que resultaba para los comerciantes, que sólo tenían que esperar en la caja para cobrar las compras. Este sistema necesitaría, obviamente, un aumento de productos preenvasados, puesto que no habría nadie que pesara y envasara las mercancías que tenían a granel en este tipo de establecimientos. Durante la gran depresión del 29, fundó en Suecia la empresa Åkerlund & Rausing, dedicada a elaborar envases para la creciente demanda de los productos envasados, llegando a ser una de las más importantes de Europa y desarrollando todo tipo de soluciones para lo que hoy conocemos como *packaging* (el envase de toda la vida).

Ruben Rausing en su factoría a finales de los años 50 mostrando su sistema de envasado AB Tetra Pak, precursor del Tetra Brik. A la derecha, detalle de la patente del Tetra Pak.

Y es una de esas innovaciones la que permitió que la leche se pudiera meter en una caja. Tras hacer un estudio de mercado sobre las necesidades de los consumidores, una de las mayores pegas que presentaban los productos lácteos líquidos era que los envases eran frágiles y poco eficientes a la hora de almacenarlos, ocupando mucho espacio. Tras varios intentos por mejorar este tipo de contenedores, en el año 1944 idea el que será el nuevo estándar para envasar la leche. El objetivo era crear un envase económico que protegiera el contenido de los rayos del sol, y que fuese inocuo para el olor y sabor de los alimentos. Para ello diseñó un sistema de capas superpuestas de plástico, aluminio y cartón, que se plegaban creando un contenedor ligero, resistente y fácil de almacenar. En 1952, tras resolver todos los problemas técnicos que precisaba para poder fabricar este tipo de envase, saca al mercado el primer producto con este nuevo formato: un pequeño tetraedro de cartón multicapa que contenía 100 ml de crema, y que bautizó con el nombre de AB Tetra Pak.

Posteriormente, Hans y Gad Rausing, hijos de Ruben Rausing, viendo que el sistema ideado por su padre era difícil de transportar y almacenar, propusieron que se cambiase la forma y se hiciese en forma de paralepípedo, como si fuese una cajita o ladrillo. Es así, ya en 1959, como nace el nuevo envase al que denominaron Tetra Brik.

Es entonces cuando, por fin, logran un diseño perfecto que aúna la conservación de los líquidos en su interior con la versatilidad y comodidad de transporte y almacenaje. Este nuevo formato se puede apilar y juntar en forma de cajas de mayor tamaño sin apenas desperdiciar espacio, se puede abrir sin herramientas (algunos modelos llevaban una pestaña de aluminio que se retiraba con la mano), eran inocuos en cuanto a que no alteraban el sabor ni el olor del contenido y, para colmo, eran ligeros, resistentes y baratos de producir. Años más tarde aplicó el proceso de pasteurización y un sistema de envasado que permitió transportar la leche envasada sin necesidad de frío, pudiendo ser conservada a temperatura ambiente, lo que revolucionó el mercado de la leche en todo el mundo.

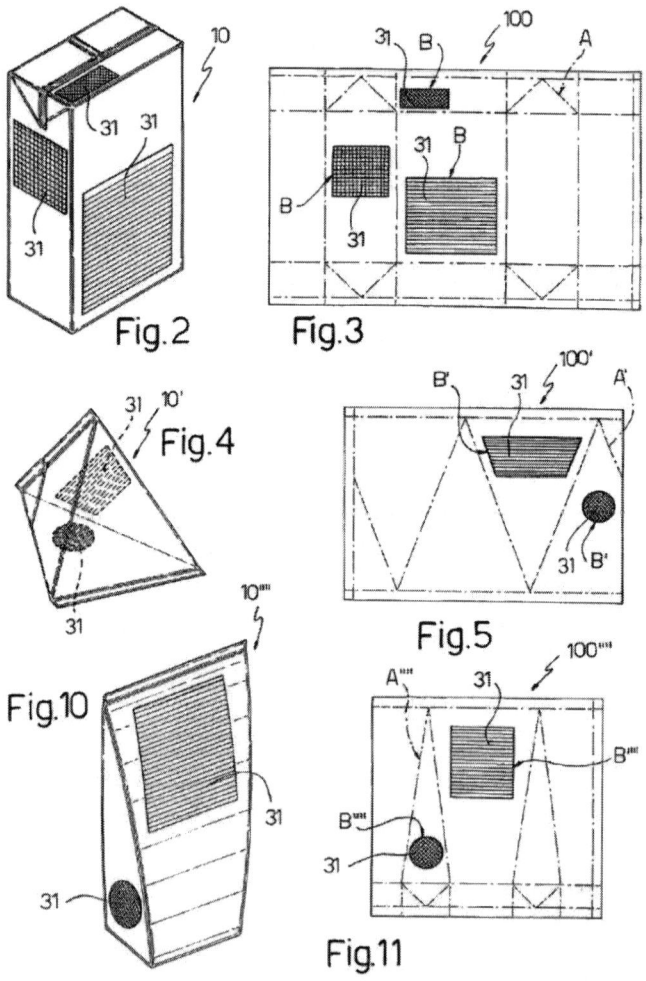

Detalle del sistema Tetra Brick, diseñado por los hijos de Ruben Rausing en 1959, con su característica forma de ladrillo y otros envases con formas diferentes basados todos ellos en el AB tetra Pak de 1952.

El boom de los Tetra Brik llegó ya en los años 90, y convirtió a esta familia sueca en una de las más ricas de Europa, dejando un legado tras la muerte de Ruben de más de 12 mil millones de dólares, según la revista Forbes. No es de extrañar que se convirtiera en un formato imprescindible en nuestros supermercados, y que apenas se usen otros sistemas para envasar la leche. De hecho, como en otros muchos casos, la marca comercial se usa como nombre genérico del producto, llamando Tetra Brik a cualquier envase de este tipo, aunque no sea de la marca Tetra Pak, que es la que tiene registrado el nombre.

Ruben Rausing, como buen economista, supo observar la evolución de las nuevas costumbres de la gente, prever sus necesidades, incluso antes de que las tuvieran, y adelantarse a sus competidores dedicando todo su potencial a la fabricación de embalajes, uno de los negocios más expansivos y lucrativos de nuestros tiempos.

Ahora, cuando vayamos a la nevera y abramos un envase de leche (o de tomate frito, o de zumo, o de vino peleón...) fijémonos en su forma, en sus virtudes de conservación y en todas las ventajas que tiene y recordemos que, hasta hace muy poco tiempo, este invento no estaba en nuestras vidas. Si tienen ocasión, pregunten a los más mayores de la casa cómo se consumía antes la leche y comparen cómo ha cambiado nuestra vida gracias a una pequeña cajita de cartón y al economista sueco que decidió llenarla de leche.

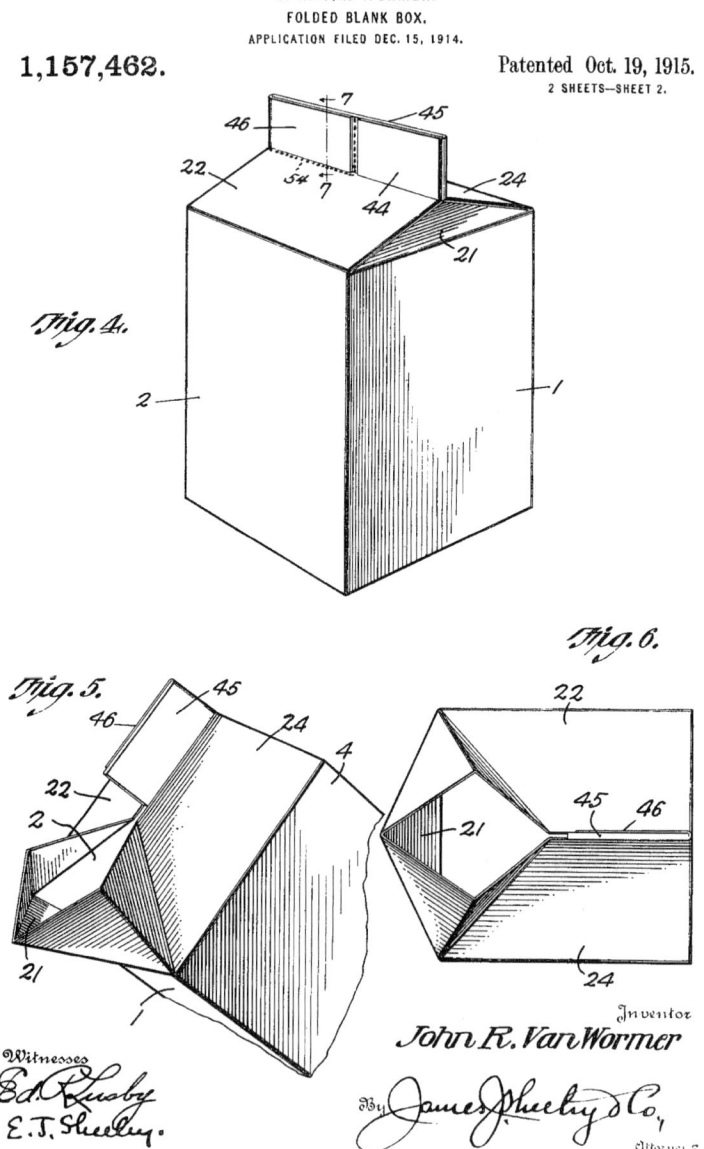

J. R. VAN WORMER.
FOLDED BLANK BOX.
APPLICATION FILED DEC. 15, 1914.

1,157,462.

Patented Oct. 19, 1915.
2 SHEETS—SHEET 2.

Fig. 4.

Fig. 6.

Fig. 5.

Inventor
John R. Van Wormer

Witnesses

By James Sheely & Co.,
Attorneys

Patente americana de 1915 a favor de John R. Van Wormer donde se presenta un sistema de cartón para almacenar líquidos muy similar al que finalmente desarrollará Ruben Rausing en los años 50.

ACEITERA ANTIGOTEO

Si hay algo en la cocina que mancha y que no hay forma de contener, todos estaremos de acuerdo en que es el aceite. Ese dorado alimento imprescindible para freír o elaborar ensaladas y del que somos orgullosos productores desde hace miles de años. Aceite de oliva, de girasol, de soja, de palma... los podemos encontrar de multitud de plantas y semillas y todos ellos son deliciosos. Pero siempre que nos toca manipular este producto acabamos manchados. Parece mentira cómo es capaz de introducirse por cualquier recoveco y pringar mesas, armarios o alacenas dejando ese molesto cerco en las baldas de la cocina y en los manteles.

El uso de pequeños tapetes de tela, de platos o pedazos de papel de cocina a modo de posavasos debajo de la aceitera puede solucionar parcialmente los efectos pringosos y salvar un poco los muebles, pero la solución a este problema tenía que llegar de un invento especialmente creado para este fin, y se le ocurrió a un compatriota nuestro hace no mucho tiempo.

Rafael Marquina, un diseñador y arquitecto madrileño, siempre estuvo ligado a la mejora de los diseños de productos y procesos de producción. Fue uno de los grandes referentes en la concepción del diseño industrial, entendido no sólo como creador de objetos estéticamente bellos, sino también mejor diseñados en cuanto a su ergonomía y funcionalidad. Marquina, sabiendo del problema que presentaban las aceiteras convencionales para contener aceite sin producir manchas allí donde se utilizasen, se propuso eliminar para siempre este incómodo problema. Se puso manos a la obra y como fuente de inspiración, se fijó en los instrumentos más precisos que existen para medir y contener líquidos, los matraces de laboratorio. Marquina se fijó especialmente en la boca en forma de embudo de estos recipientes, que hacían que la última gota que quedaba en el borde volviera hacia dentro al enderezar el matraz. Así, usando un matraz modificado con un dosificador de vidrio en la punta y un orificio aireador, consiguió que al utilizar la aceitera y volver a colocarla sobre la mesa, los restos de aceite que normalmente se iban resbalando hasta la base manchando toda la pared de la aceitera, volvieran, como por arte de magia a su interior, evitando manchas y sin desperdiciar ni una gota del preciado alimento. Además, y como premisa de su diseño, al estar hechas de cristal transparente, dejaban ver el contenido, ya que, como dice en su patente "los colores del aceite y vinagre son bellos, y no deben ser ocultados". Este modelo lo presentó en Barcelona como aceitera-vinagrera "que no gotea ni mancha", que por su ancha base es difícil de volcar y derramar el contenido y con la que ganó el primer premio Delta de Oro (ADI-FAD) al mejor diseño industrial en 1961. Desde entonces su diseño se ha copiado sin ningún rubor, y hoy en día está presente en todos los hogares y restaurantes del mundo.

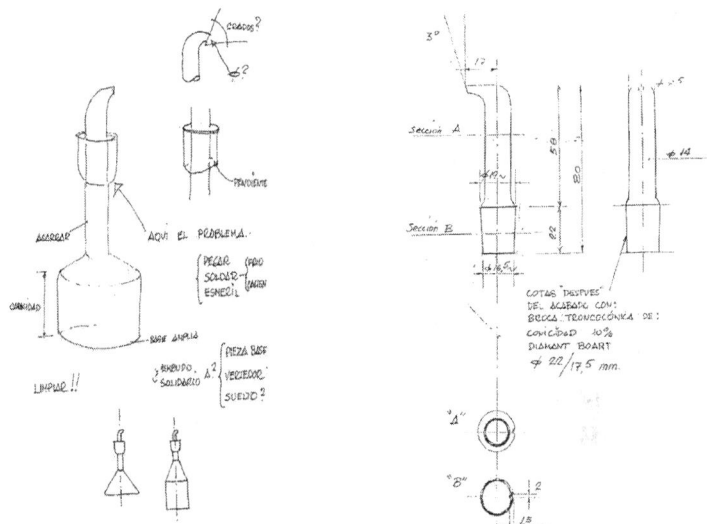

Boceto de la idea original y detalle del dosificador y ajuste con el cuello en forma de embudo de la aceitera, que permite que las gotas de aceite resbalen hasta un orificio y regresen al recipiente.

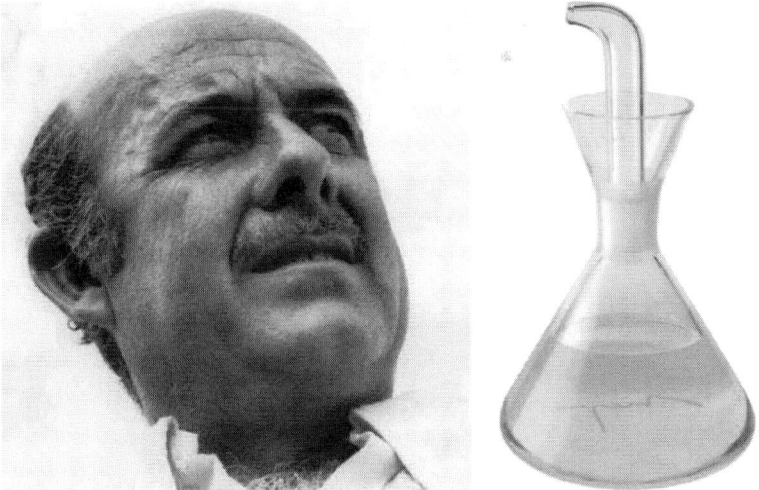

Rafael Marquina, el arquitecto y diseñador que revolucionó las mesas de todo el mundo con su diseño de aceitera antigoteo. A la derecha, aceitera conmemorativa en homenaje a su inventor y al modelo original de 1961.

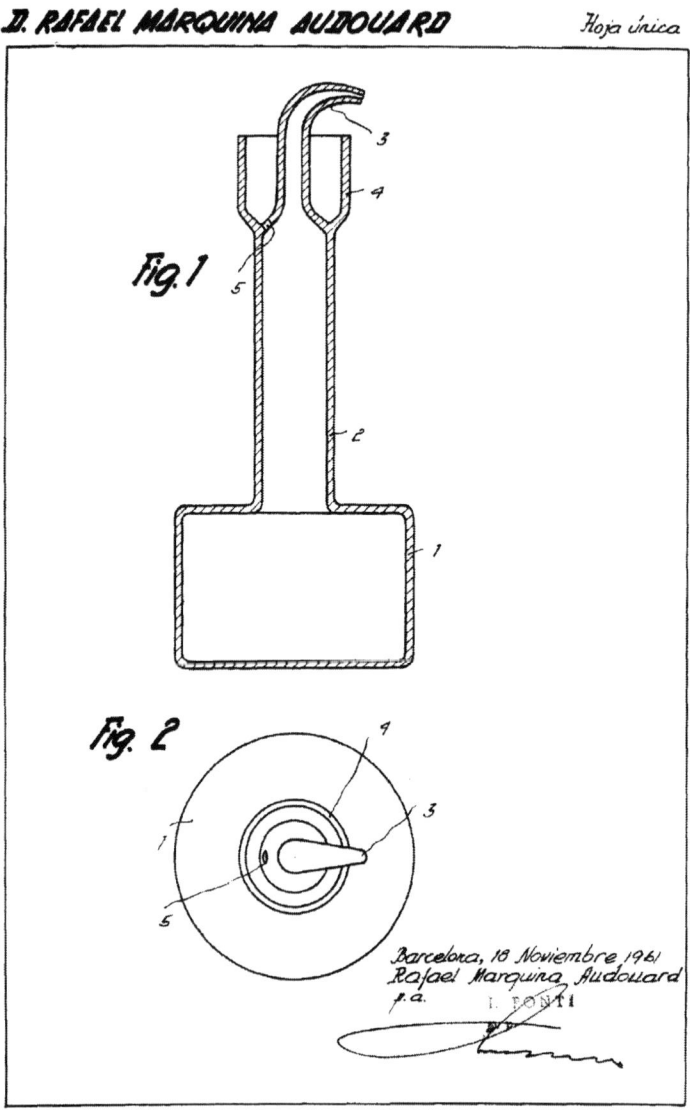

Hoja de la patente ES 90152 U del 16 de noviembre de 1961, donde aparece el diseño del primer modelo de aceitera antigoteo.

CASSETTE

Aunque para los jóvenes esta palabra no signifique nada, los que crecimos en los años 80 y 90 no entenderíamos la música sin este revolucionario invento. La cinta de cassette permitió que pudiéramos hacer copias de canciones desde discos de vinilo o CD y nuestros programas de radio favoritos y escucharlos una y otra vez. Pero lo realmente revolucionario es que se podían escuchar en los *walkman* o reproductores portátiles en cualquier lugar, e incluso en los radiocassettes de los coches o de nuestro equipo musical de casa. Antes de que se inventara este formato, la única forma de escuchar música era estar pegado a un pesado tocadiscos o, si tenías mucha suerte, a un reproductor de vinilo de automóvil o una cinta de bobina abierta de magnetófono.

Su funcionamiento es idéntico al del magnetófono, es decir un motor eléctrico hace girar una bobina o carrete en el que se enrolla una cinta que contiene una capa magnética en la que un cabezal magnetoeléctrico permite transformar las señales magnéticas de la cinta en señales eléctricas al orientarse los polos magnéticos. El proceso de grabación consiste en orientar las partículas magnéticas de la cinta mediante un cabezal grabador que transforma las señales eléctricas procedentes de un micrófono o de una fuente externa en impulsos magnéticos del cabezal.

En 1963, el ingeniero neerlandés Lodewijk Frederick Ottens, más conocido como Lou Ottens, diseñó una pequeña caja de plástico de 10 centímetros de largo por 6 de alto para proteger dos pequeñas bobinas de cinta magnética enrollada en su interior. Por aquellos años trabajaba en una filial de la compañía Philips, donde patentó su nuevo formato y lo presentaron en la feria IFA de Berlín de 1963. Su invento tuvo muy buena acogida, y comenzó a fabricarse en serie en Alemania en 1965, llegando a Estados Unidos en 1969, de la mano de The Mercury Record Company, que fue la primera discográfica norteamericana que empezó a vender títulos en este nuevo formato.

Lou Ottens estaba obsesionado con crear un sistema compacto y portátil para reproducir música y no estar limitado a un auditorio o salón de estar doméstico, como se hacía hasta entonces con los discos de vinilo. Fue entonces cuando se le ocurrió utilizar la tecnología de los magnetofones, es decir, la cinta magnética, como base para su invento. La cinta se redujo hasta poder meterse dentro de una pequeña cajita (*cassette* en francés), donde quedaba enrollada en dos bobinas y que presentaba una abertura en la parte superior para que el lector magnético pudiera acceder a la cinta. Para aumentar la capacidad de almacenamiento, optó por que se pudiera reproducir en ambos sentidos, dando así lugar a la cara A y a la cara B, como sucedía con los discos de vinilo. Esto hacía que cuando se terminaba de escuchar una cara hubiera que sacar la cinta y darle la vuelta manualmente, hasta la aparición de los sistemas *auto-reverse*, mucho más modernos.

El sistema de Ottens no permitía la grabación hasta que, en 1971, la empresa japonesa Maxell sacó al mercado las cintas vírgenes, abriendo todo un mundo de posibilidades a los consumidores, que ahora podían escuchar música, pero, además, ser ellos mismos los protagonistas grabándose en conversaciones, recitales, canciones, cuentos...

Lou Ottens sosteniendo una cinta de cassette en 1988, un cuarto de siglo después de haberla presentado en la feria IFA de Berlín (Fuente: Philips Company Archives).

Y llegado el año 1979, más concretamente el 1 de julio, Sony lanza el primer reproductor a pilas portátil de cintas, el famoso *walkman* (hombre que anda, dado que se podía escuchar mientras se caminaba, paseaba, se hacía deporte, se viajaba…) revolucionando la forma de escuchar música y consolidando a la cinta de cassette como el rey indiscutible de los formatos de audio entre los años 70 y 80.

RATÓN INFORMÁTICO

Uno de los dispositivos de interacción con un ordenador más importantes, aparte del teclado, es el ratón, ese pequeño aparatito, con o sin cable, que al desplazarlo sobre la mesa de nuestro escritorio hace que se mueva un pequeño puntero en forma de flecha en la pantalla de nuestra computadora, permitiéndonos así abrir menús, pulsar botones, navegar por nuestro explorador de Internet o incluso dibujar. Cuando enseñamos ordenadores antiguos a gente joven, y ven que no disponen de ratón, nos preguntan cómo se utiliza, ya que ha llegado a ser tan importante que sin él la mayoría de nosotros ya no sabría manejar su propio ordenador. Hace años, cuando la informática no estaba presente en todas partes, los "raritos" que usábamos estas máquinas nos comunicábamos con ellas únicamente a través del teclado. No había ventanas, ni interfaces gráficas, y lo más común era escribir las órdenes en la línea de comandos, el famoso prompt **C:>_** que aparecía ante nosotros como si nos preguntara ¿qué quieres que haga?

Aún recordamos con cariño aquellos tiempos heroicos, en los que el sistema CP/M o DOS eran los reyes de todas estas máquinas. Hasta que Bill Gates llegó con su Windows y todos empezamos a acostumbrarnos a aquellas ventanas, aquellos botoncitos, iconos y demás elementos que se abrían o cerraban a golpe de ratón. (Ya existían sistemas operativos de ventanas, como los de Apple, pero no eran para todos los públicos debido a su elevado precio. Windows fue quien realmente nos hizo a todos usar el ratón). Esto es a finales de los años 80, pero el ratón informático se ideó bastantes años antes y tiene una curiosa historia.

Douglas C. Engelbart, un ingeniero electrónico norteamericano, fue el artífice de este nuevo sistema de interacción hombre-máquina. Tras finalizar sus estudios básicos sirvió durante la Segunda Guerra Mundial como operador de radar, donde se dio cuenta de que la electrónica, y muy especialmente la informática, iban a jugar un papel fundamental en los años venideros. En 1948 se licencia como ingeniero eléctrico en Berkeley, y en 1952 recibe un doctorado, destacando por sus ideas novedosas respecto a las nuevas tecnologías que iban a llegar.

Prototipo de ratón o "indicador de posición XY para sistemas gráficos", ideado por Douglas C. Englbart en 1967 para la compañía Xerox PARC.

En los años 50 no para de darle vueltas a las posibilidades de la informática, y en 1957 se une a la Agencia de Proyectos de Investigación Avanzada de Defensa, donde desarrolla diversos proyectos de aplicación de nuevas tecnologías. Un día, según cuenta él mismo, mientras conducía de camino al trabajo, tuvo una visión de cómo sería el trabajo del futuro. Predijo los puestos de trabajadores frente a sus ordenadores, las interfaces gráficas, la red que conectaría los ordenadores, y postuló que estas conexiones instantáneas entre grupos de trabajo e investigación avanzarían de manera sorprendente gracias a esta nueva forma de compartir conocimientos. Para ser los años 50 esto era toda una revolución y una visión exacta de lo que posteriormente iba a ocurrir.

Puede parecer un visionario, pero realmente Engelbart fue artífice de muchas de estas tecnologías e ideas. Al principio la mayoría fueron descartadas por sus superiores, pues eran difíciles de entender en su tiempo, y otras fueron más o menos aceptadas.

Douglas C. Engelbart durante la presentación de 1968 de San Francisco, donde describe por vez primera el funcionamiento del ratón.

Una de las obsesiones que tenía era la forma de interactuar entre humanos y máquinas, que no era intuitiva y generaba cansancio y limitaciones. Es en este momento en el que idea un sistema de visualización de datos de forma gráfica (los ordenadores de aquella época sólo mostraban texto en pantalla), conexiones en red de los equipos, metadatos o hipervínculos. Todo esto lo explica en 1962, en un artículo titulado *Augmenting Human Intellect: A Conceptual Framework*, donde describe lo que van a ser los ordenadores personales.

Ordenador Xerox Alto de 1973, el primer ordenador con interfaz gráfica que implementa un ratón.

El ratón, o "indicador de posición XY para sistemas gráficos", lo describe ya en 1967 en su patente, como interfaz para moverse por los entornos gráficos recientemente creados. Consistía en una pequeña caja de madera con dos ruedecillas y un pulsador, que al desplazarlo por la mesa enviaba las coordenadas de X e Y a la pantalla del ordenador, pudiendo así mover un puntero de un lugar a otro de la pantalla. Esto permitiría interactuar con los menús de cada programa de forma mucho más natural que introduciendo las órdenes a través del teclado. La presentación de este nuevo interfaz se produjo en 1968, en la primera videoconferencia de la historia celebrada en San Francisco, ante miles de científicos, que quedaron impresionados por la utilidad y a la vez sencillez de este nuevo dispositivo. El desarrollo de los primeros ratones los hizo con la compañía Xerox PARC, que utiliza su invento en el ordenador Xerox Alto, un monstruo de pantalla en vertical con interfaz gráfica en el año 1973. Sin embargo, en aquel momento no tuvo éxito comercial, y ninguna compañía apostó por el ratón, hasta que Steve Jobs, por entonces director ejecutivo de Apple, se fija en él para incorporarlo en sus nuevos modelos de computador, el Apple Lisa y el Macintosh, en 1984, haciéndose con los derechos de fabricación por 40.000 dólares. Sólo otro visionario como Steve Jobs supo apreciar la importancia de este pequeño avance en la comunicación con las máquinas.

El ordenador Lisa de Apple fue un fracaso, pero el ratón irrumpió en el mercado y se convirtió en un estándar, siendo adoptado por todos los sistemas a partir de entonces y hasta nuestros días.

Las ideas de Engelbart son fascinantes y van mucho más allá de la creación del ratón, que es por lo que más se le conoce. Pensaba (y no le faltaba razón) que la informática iba a cambiar el mundo, que iba a hacer que la investigación avanzase de forma exponencial y que la interacción de los hombres con las máquinas sería uno de los factores para que esto sucediera. También creía que iba a mejorar el mundo y que iba a lograr una especie de inteligencia colectiva, a modo de enjambre, al poder comunicar en tiempo real las investigaciones de personas en cualquier lugar del planeta, haciendo que los problemas pudieran ser enfocados a la vez por todo el mundo. Tal vez fuese demasiado optimista, a juzgar por lo que tenemos hoy en día.

Ahora, cuando vayamos a enviar un email, o a navegar por Internet desde nuestro ordenador, al colocar nuestra mano sobre el ratón, recordemos que detrás de este pequeño trozo de plástico estuvo un visionario al que le debemos mucho de lo que hoy consideramos como normal, a un ideólogo de la informática y precursor de la tecnología de hoy y, posiblemente, de mañana.

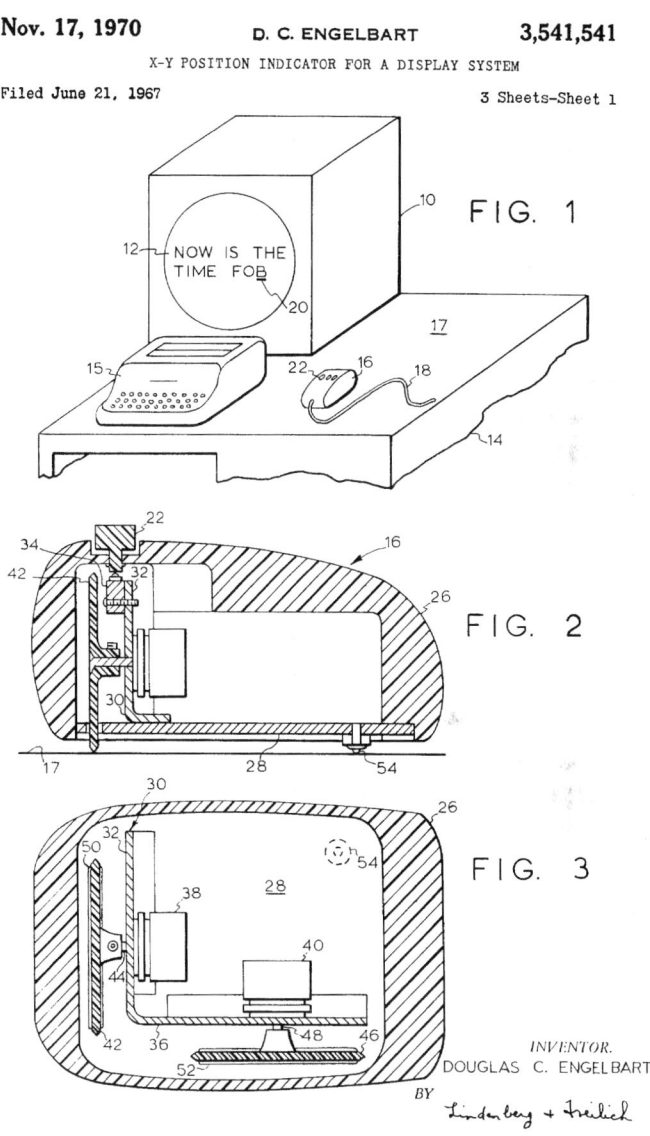

FIG. 1

FIG. 2

FIG. 3

INVENTOR.
DOUGLAS C. ENGELBART
BY

Detalle de la patente del ratón de Douglas C. Engelbart concedida en 1967, donde se describe el sistema de ruedecillas para los ejes X e Y.

TELÉFONO MÓVIL

El teléfono fue uno de los inventos más importantes en la historia de las telecomunicaciones, ya que permitió por primera vez comunicarse verbalmente y en tiempo real desde cualquier punto del planeta.

Previo a este gran invento ya existían los telégrafos, unos dispositivos para transmitir mensajes mediante códigos cifrados en sistemas binarios, como el archiconocido código Morse de rayas y puntos. Los primeros telégrafos fueron ópticos, y los mensajes se realizaban visualmente desde las torres de telegrafía óptica que aún pueden encontrarse dispersas por los campos de España. Las torres disponían de una especie de mástiles en su parte superior desde donde se izaban banderines para enviar mensajes sencillos y, más adelante, señales luminosas codificadas mediante obturadores que enviaban pulsos de luz de una a otra torre. Este sistema fue muy útil, pero tenía el inconveniente de que precisaba de contacto visual entre las torres, lo que suponía tener un gran número de torres y operarios a lo largo de la línea para poder transmitir un mensaje. Con la electrificación de los nuevos telégrafos se modernizó el sistema, que ya no necesitaba tantas torres. Bastaba con instalar unas líneas de postes con cables que transmitían los impulsos eléctricos a distancia, facilitando el proceso y reduciendo considerablemente el número de operarios necesarios para las telecomunicaciones.

Finalmente surgió, gracias a la invención de la radio, la telegrafía sin hilos, que supuso una revolución, ya que ahora ni siquiera eran necesarias las líneas de postes telegráficos. Sólo se necesitaba una emisora de radio y una antena para poder enviar los mensajes de Morse al aire, y una antena receptora en el destino para recibir los mensajes. Este sistema estuvo vigente desde que el estadounidense Samuel F. B.

El Motorola DynaTAC 8000X, el primer modelo de teléfono móvil comercial que salió a la venta en 1984.

Morse, junto con los ingleses Charles Wheatstone y sir William F. Cooke desarrollaran en 1836 los primeros equipos telegráficos, y ha permanecido en uso hasta los años 80 y 90 del siglo XX, desapareciendo tanto por los robos de cable de cobre, como por el triunfo de las telecomunicaciones por satélite.

La llegada del teléfono en 1876 logró salvar muchos de los inconvenientes del telégrafo, como la extensión de los mensajes y los tiempos de espera entre la emisión, recepción y colación de los mismos. Ahora ya se podía hablar naturalmente con otra persona situada a kilómetros de distancia como si la tuviéramos delante, incluso hablar y escuchar a la vez. Parecía que ya se había llegado al techo de las telecomunicaciones, y que poco más se podía hacer… pero una serie de ciencia ficción y un inquieto ingeniero no pensaban lo mismo.

Star Trek fue una exitosa serie de ciencia-ficción protagonizada por William Shatner y Leonard Nimoy que revolucionó el género a mediados de los años 60 en Estados Unidos. Los

conceptos tecnológicos y
sociales que se relataban en
ella fueron muy avanzados
para la época y despertaron
la imaginación de muchas
personas, de muchos ni-
ños que, años después de
devorar la serie, cursaron
estudios de ciencias y emu-
laron algunos de los ingenios tecnológicos que apa-
recían en Star Trek. Uno de
estos inventores, ya no tan
niño en los años 60, llamado Martin Cooper, quedó
fascinado por un detalle
en concreto que aparecía
en la serie. No era la im-
presionante nave espacial
Enterprise, ni su innova-

Dr. Martin Cooper, el inventor del
teléfono móvil, con el prototipo del
DynaTAC
de 1973 en el Taipei International
Convention Center.

dor sistema de teletransporte o velocidad de curvatura, que le
permitía viajar entre galaxias a velocidades superiores a la luz lo
que llamó la atención de este ingeniero norteamericano, sino el
pequeño intercomunicador que portaban los protagonistas para
poder hablar entre ellos. Una especie de cajetilla de tabaco que
se abría y les permitía hablar entre ellos a distancia y sin hilos.

Esta idea de teléfono inalámbrico obsesionó a Cooper, que
se puso a diseñar su sistema durante años, hasta que en el año
1973 (tan sólo 7 años después del estreno de Star Trek) realizó
la primera llamada con su teléfono móvil. Sin embargo, no sería
hasta el año 1983 cuando Motorola presentó el primer teléfono
móvil comercial, el DynaTAC 8000X, un ladrillo de casi 1 Kg

de peso y casi 4.000 dólares de la época, toda una fortuna. Por aquel entonces no había una red de telefonía móvil, y su uso era muy limitado, pero había abierto el camino a lo que hoy en día nos es imprescindible en nuestro día a día. ¿Se imaginan cómo sería nuestra vida si no existieran los teléfonos móviles? ¿Recuerdan los viejos tiempos, cuando para hablar con alguien había que llamarle al teléfono fijo y preguntar si estaba en casa? ¡Qué tiempos aquellos…!

POST-IT

A veces los grandes inventos no surgen de la intención de solventar grandes problemas, sino que surgen por casualidad,
como es este caso. Los Post-it son un elemento imprescindible
hoy en día en nuestras oficinas, negocios o incluso en nuestros
hogares. Esos pequeños papelitos de colores brillantes que se
pueden pegar y despegar con facilidad para dejar notas a nuestros compañeros, instrucciones a nuestros empleados, o para
recordarnos cosas cotidianas, son un buen ejemplo de cómo un
desastre resultante de un trabajo de investigación fallido se puede convertir, casi por casualidad, en un lucrativo e innovador
producto.

Los orígenes de este peculiar invento están en un laboratorio
de investigación de la compañía 3M en el año 1968. Por aquel
entonces, el Doctor en química Spencer Silver estaba trabajando
en un nuevo adhesivo de gran poder para utilizarlo en la industria aeronáutica. Su objetivo era mejorar la capacidad adherente
en los compuestos de acrilato de los adhesivos comerciales para
lograr un mayor rendimiento. Sin embargo, las moléculas de
acrilato que lograba formular se adherían a sí mismas, creando
unas micro esferas que lograban justo el efecto contrario, un
poder adherente muy débil. Aunque el adhesivo resultante era
de muy buena calidad, su escasa potencia hizo que terminase en
un cajón olvidado sin un uso concreto en que poder aplicarlo.

Paralelamente, otro compañero de Silver, Arthur L. Fry, se tenía que pelear todas las semanas con su libro de himnos religiosos que utilizaba en la iglesia. Fry utilizaba pequeños papelitos a modo de marcapáginas para señalar la posición de los himnos que se cantaban en la iglesia cada domingo, pero cada semana tenía que repetir la operación, pues terminaban todos en el suelo tras el oficio. Hasta que un día de 1974, recordando el adhesivo fallido de su compañero, decidió impregnar un pequeño papel amarillo con su pegamento para marcar las páginas de su libro. Así, Fry pudo comprobar cómo el papel quedaba fijado en su lugar, pero podía despegarse con facilidad y sin dañar las páginas de su querido libro. Además, podían retirarse y colocarse de nuevo varias veces sin perder su efectividad.

El Dr. Spencer Silver y Arthur Fry, artífices del sistema de hojas adhesivas reposicionables más conocido como "Post-it" en los laboratorios de la compañía 3M.

Tras varios años investigando para mejorar la fórmula del adhesivo y buscando más aplicaciones a su idea, en 1977, tras conseguir optimizar el proceso de fabricación de sus notas adhesivas, comienza a distribuirlas por las oficinas de 3M, aunque sin demasiado éxito, ya que nadie sabía muy bien qué eran esos pequeños papelitos amarillos y no se decidían a comprarlos. Es un año más tarde cuando la compañía, convencida de que el producto de Fry es bueno, decide cambiar de estrategia y dar a conocer sus

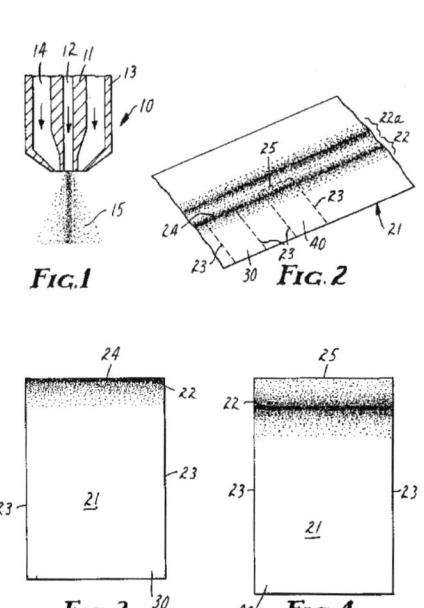

U.S. Patent   Mar. 16, 1993   5,194,299

Patente de Arthur L. Fry de 1993 donde se describe el sistema de aplicación del adhesivo inventado por su colega Silver en los rectángulos de papel.

cualidades regalando muestras gratis, empezando por la ciudad de Boise, Idaho, donde comprueban que los que probaban los Post-it quedaban gratamente sorprendidos y que casi todos los que recibieron una muestra se animaron a comprarlos de forma regular. La estrategia había funcionado.

Entre 1978 y 1981 se distribuyen por Estados Unidos, Canadá y Europa, siendo acogidos de manera espectacular y cambiando el modo de comunicarse en las oficinas para siempre. Desde ese momento, no hay oficina que se precie que no esté repleta de papelillos amarillos pegados por todas partes. 3M siguió desarrollando productos basados en el adhesivo de Spencer Silver, como banderines marcapáginas, notas en papeles de colores de infinidad de tamaños, notas súper adhesivas, que se pegaban mejor en superficies rugosas…

Es increíble que un pegamento fallido y un desesperado feligrés que no encontraba sus himnos en la iglesia se aliasen para crear un invento que, aunque parezca sencillo y humilde, todos hemos usado alguna vez (algunos lo usamos a diario) y se ha convertido en un icono, identificando inmediatamente su forma y color a ambientes de oficina. Como curiosidad, resulta que Fry utilizó un papel de color amarillo para sus pruebas, casi el primero que encontró, y finalmente resultó el color oficial que 3M utilizó para fabricar su producto. Aunque ahora los hay de casi cualquier color, el prototipo de papelillo adhesivo amarillo que Fry empleaba para sus pruebas se ha convertido, por derecho propio en un icono imprescindible de nuestras vidas.

CÁMARA DE FOTOS DIGITAL

Las cámaras de fotos están siendo desplazadas por los teléfonos móviles, que cada vez tienen más prestaciones y mayor calidad. Es increíble comprobar cómo un teléfono actual, como el que cualquiera lleva en el bolsillo, es capaz de hacer fotografías de mayor calidad que una cámara de fotos de gama alta de hace unas décadas. Es lógico, la miniaturización de la electrónica ha posibilitado que dentro de un pequeño teléfono móvil podamos tener radio, televisión, estación multimedia, cámara de fotos y de vídeo, un ordenador personal e incluso ¡un teléfono! Pero antes de la aparición de los teléfonos móviles las cosas no eran tan sencillas. La fotografía era un pasatiempo caro, en el que había que comprar película, disparar las fotos "a ciegas", revelarlas y, finalmente, comprobar que de las 24 ó 36 tomas, apenas 5 ó 6 habían salido como nosotros queríamos. Eran otros tiempos, y algunos los recordamos con cariño, pero desde la aparición de las cámaras digitales, el negativo y el papel han pasado casi a la historia. La fotografía digital entró de forma tímida en los años 90, con cámaras de apenas un megapíxel y precios desorbitados, pero poco a poco fueron mejorando y abaratando los costes, por lo que finalmente todos terminamos pasándonos a esta nueva tecnología. Es lógico. La fotografía digital es infinitamente más cómoda que la analógica. Permite previsualizar en tiempo real el resultado en su pantalla incorporada, almacena cientos o miles de imágenes, no es necesario imprimirlas, se pueden compartir fácilmente y enviar a través de Internet, se pueden retocar en casa con sencillos programas, sin necesidad de poseer un estudio fotográfico, son ligeras... En fin, que todo

Steven J. Sasson, inventor de la cámara de fotos digital, en su laboratorio de la compañía Eastman Kodak en 1975.

son ventajas. Sobre todo desde que ya tienen una calidad equivalente o incluso superior a las de película de emulsión química.

Pero su origen no está en los años 90. En esa época se empezaron a comercializar en masa. El origen de estas máquinas (que son las mismas que tenemos dentro de nuestros teléfonos móviles), está en el año 1975, y viene de la mano de la compañía Kodak.

En 1975 Gareth A. Lloyd, por entonces jefe de Steven J. Sasson en la Eastman Kodak Company, encarga a este joven ingeniero la tarea de buscar una forma de poder hacer fotografías con una cámara sin película, utilizando sólo componentes electrónicos para la captura y almacenamiento de las imágenes. Este encargo venía por los recientes sensores electrónicos que acababan de presentar compañías como Texas Instruments Fairchild Semiconductor o Motorola. Tras unos meses de trabajo, Sasson comenzó a juntar elementos como objetivos, sensores de todo tipo, baterías, cassettes para almacenar datos... hasta que presentó un modelo parecido a Frankenstein, con piezas de la más diversa procedencia de un aspecto tosco, voluminoso y muy pesado (más de 3 Kg). En diciembre de ese mismo año el prototipo ya estaba terminado y empezaron a hacer pruebas con una asistente de laboratorio, a la que convencieron para que posase como modelo de esta tostadora fotográfica. La máquina, que funcionaba en blanco y negro y apenas contaba con 0,1 megapíxeles, grababa la información en una cassette de cinta, tal y como lo hacían muchas computadoras domésticas de aquella época, y tras grabarla y colocarla en el reproductor de TV, apareció la imagen que se había tomado, borrosa al principio, pero tras algunos ajustes, tan nítida que se podían distinguir formas, pelo e incluso rasgos faciales. La patente llega en 1978, y las primeras cámaras se fabrican en 1991, esta vez con 1,3 megapíxeles. Sin embargo estos modelos son extremadamente caros y de una calidad muy discutible. Estaban fabricados aprovechando la carcasa de una cámara Nikon profesional, pero con una especie de caja adosada donde se metía toda la parte electrónica, por lo que era muy voluminosa e incómoda de usar, pero era el primer paso. Poco a poco fueron evolucionando mejorando el diseño, resolución y prestaciones, y desde entonces no han dejado de progresar, llegando a hacer desaparecer a las cámaras tradicionales de película hoy en día. En los últimos años se han dejado de fabricar carretes de película para cámara fotográfica, debido al desplome de las ventas. Sólo algunas marcas fabrican ciertas bobinas muy específicas para artistas y fotógrafos profesionales.

Actualmente ya no se concibe la fotografía si no es digital, algo que no estuvo muy claro en sus comienzos, pues la escasa resolución, baja calidad y alto precio, hicieron que más de una compañía llegara a pensar que jamás desbancarían a las cámaras analógicas. Sin embargo, la tenacidad y fe en el producto de estos ingenieros lograron superar poco a poco las debilidades de sus máquinas y llegar a las estupendas cámaras de las que disfrutamos hoy en día. Tan sólo han tenido que pasar 20 años, desde el 78 en que se concede la patente, hasta el 98, en el que las cámaras digitales empiezan a tener éxito comercial.

Prototipo de cámara de fotos digital de 1975, donde se pueden apreciar las piezas de diversa procedencia que se utilizaron en su construcción y que derivó en la patente de Kodak de 1978.

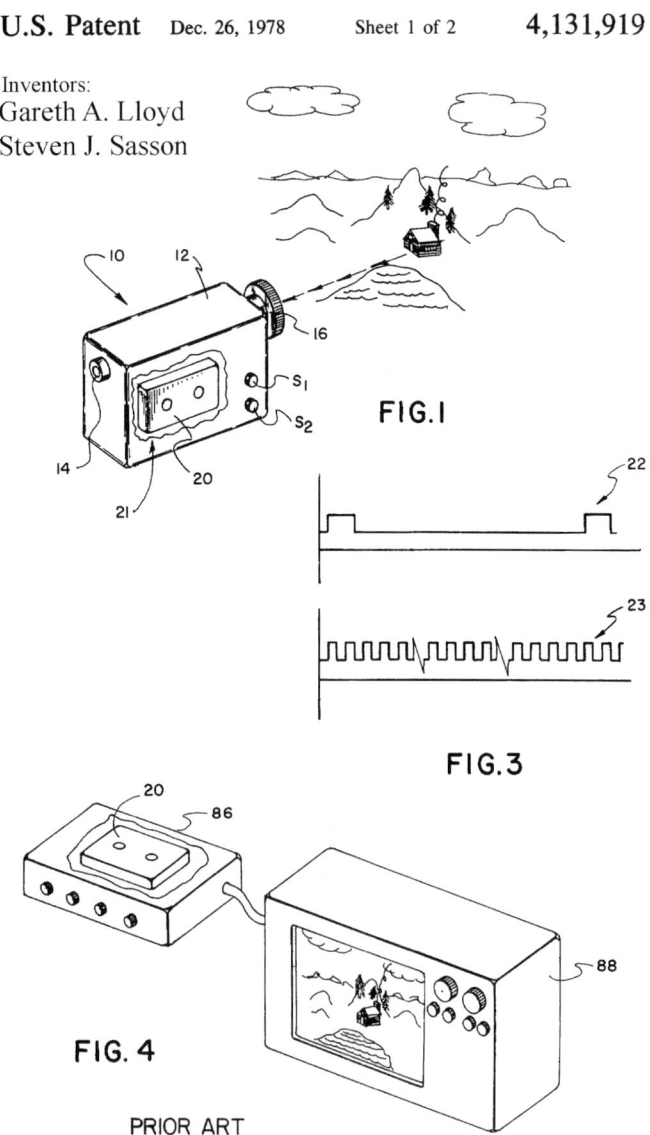

Detalle de la patente de Lloyd y Sasson de cámara de fotos digital concedida en 1978 en la que se describe el funcionamiento y el almacenamiento de datos en cinta magnética.

ORDENADOR PORTÁTIL

Si hay algo que ha entrado como un torrente en nuestras vidas en los últimos decenios, esto ha sido la informática. Lo que en principio eran máquinas concebidas para uso de investigadores y grandes centros de procesado de datos, poco a poco se ha ido abriendo paso hasta convertirse en algo habitual en nuestros hogares. Si en los años 80 tener un ordenador era un símbolo de estatus, o algo excepcional, a lo largo de esa década y especialmente en los años 90 se convirtió en algo habitual, siendo usados tanto para ocio como para trabajos escolares y oficinas. Hoy en día no se podría trabajar sin estas máquinas, y todos llevamos, al menos, un pequeño ordenador en nuestro bolsillo que, además, sirve para hacer llamadas telefónicas.

Si en los 80 todavía era raro tener un ordenador de sobremesa, en los 90 lo raro era poder tener un ordenador portátil. Hasta pasado 1995 era un dispositivo sólo al alcance de ingenieros, informáticos o empresarios y ejecutivos que necesitaban llevar encima su oficina cuando se desplazaban o viajaban. En series de la época como Friends, el prototipo de hombre de negocios neoyorquino era un señor trajeado pegado a un teléfono móvil con antena de grandes dimensiones, y un ordenador portátil.

Aunque hoy en día tener un ordenador portátil es más habitual que tener uno de sobremesa, esto no fue siempre así, y los primeros intentos de poder llevar la oficina a cuestas surgen a finales de los años 70, con diferentes proyectos de mejor o peor fortuna, pero que, como casi todos los historiadores informáticos estarán de acuerdo, se cristaliza en el año 1981, cuando Adam Osborne, un ingeniero químico de origen tailandés, presenta su Osborne I, el primer ordenador "portátil" de éxito comercial.

Aunque realmente ha habido varios modelos previos, como el MCM/70 de 1974 o el IBM5100 de 1975, realmente no es hasta 1981 cuando aparece el primer ordenador completo "portátil". Los intentos previos, sobre todo los de pequeñas pantallas de cristal líquido, aunque eran pequeños y manejables, realmente no eran ordenadores completos, sino microcomputadoras más parecidas a calculadoras que a ordenadores.

Adam Osborne, junto a su modelo Executive, poco antes de que su empresa quebrase por una pésima campaña de márketing.

Dicho esto, podemos decir que el primer ordenador portátil fue el Osborne I, un ordenador basado en el sistema operativo CP/M (el usado en las computadoras de sobremesa de la época), que contaba con un microprocesador Z80 a 4 Mhz, dos disqueteras de 5,25" y un pequeño monitor de 5 pulgadas integrado. Su diseño le permitía plegar el teclado y se aseguraba que se podía utilizar en los asientos de un avión debido a sus reducidas dimensiones. Aunque una cosa es lo que se aseguraba y otra muy distinta lo que realmente se podía hacer, ya que este aparato debía ser enchufado a la red eléctrica y pesaba nada más y nada menos que 11 Kg... pero por lo menos tenía un asa de cuero para llevarlo.

Adam Osborne, junto con el diseñador Lee Felsenstein, quisieron diseñar un ordenador que fuera tan potente como los de la oficina, totalmente compatible con ellos, y que se pudiera transportar fácilmente. Para ello creó una carcasa similar a una maleta sobre la que se plegaba el teclado y se podía llevar de un sitio a otro sin demasiado esfuerzo. Como él mismo dijo, para su diseño se inspiró en una radio de campaña de la Segunda Guerra Mundial y el panel de mandos de un avión DC-3. Es así como nace en 1981 el Osborne I, posiblemente el primer ordenador portátil de verdad.

Parte de su éxito comercial fue su ajustado precio (apenas 1.795 $ con software incluido), lo que hizo que en pocos meses se vendieran numerosas unidades, llegando a sacar nuevos modelos al poco tiempo. Sin embargo, la fama y fortuna no sonrieron a Adam Osborne, ya que no supo actualizar su equipo con las demandas del público, que quería una pantalla de mayor tamaño y mejores prestaciones. Para colmo, cometió un error fatal con una campaña de márketing fallida, ya que anunció su siguiente modelo, el Osborne Executive, en pleno éxito de ventas de su anterior modelo. Este torpe movimiento (conocido en las escuelas de márketing como "efecto Osborne"), provocó que los consumidores dejaran de comprar el modelo antiguo, que se estaba vendiendo realmente bien, y se esperasen a ver cómo iba a ser el siguiente modelo. Pero como aún no estaba listo para ser comercializado, la competencia sacó el Kaypro, un ordenador con una pantalla mucho más grande y mejores prestaciones que arrasó en ventas y superaba técnicamente incluso al nuevo modelo de Osborne aún por salir.

Esta mala jugada hizo que la compañía no pudiera recuperarse y aunque intentó sacar un nuevo modelo (Osborne Vixen) en 1984, ya era demasiado tarde y la empresa de Adam Osborne tuvo que cerrar para siempre.

Tras la quiebra de su empresa, en 1984 fundó una compañía especializada en diseño y producción de software, que, tras varias demandas por parte de otras compañías, como Lotus, por problemas de propiedad intelectual, se ve obligado a cerrar en 1990. En 1992 lo intenta una vez más con otra empresa llamada Noetics Software, muy avanzada en sus conceptos, especializada en la aplicación de técnicas de redes neuronales computerizadas, pero debe abandonarla por problemas de salud, falleciendo en 2003 con tan sólo 63 años y muchos proyectos por hacer.

Es posible que si hubiera jugado bien sus cartas, hubiera escuchado a los consumidores y no hubiese cometido ese fallo garrafal en su estrategia comercial, hoy en día los ordenadores portátiles serían conocidos como "los Osborne", pero eso nunca lo podremos saber ya…

Años después, compañías como IBM, Toshiba o HP lanzaron ordenadores más modernos con pantallas de cristal líquido (primero en blanco y negro, luego en color), de dimensiones cada vez más reducidas y precios cada vez más bajos, haciendo que ya no fuera un lujo poder llevarse el ordenador del trabajo a casa, pero el concepto de portabilidad parte del concepto creado hace más de 40 años por Adam Osborne y su equipo.

Publicidad del modelo I de Osborne, dirigida principalmente a hombres de negocios que necesitaban llevar la oficina siempre encima durante sus viajes.